Roman Kmenta

Reich gedacht statt arm gespart

Roman Kmenta

Reich gedacht statt arm gespart

Hör auf, dich unter Wert zu verkaufen

Frankfurter
Allgemeine
Buch

Bibliografische Information der Deutschen Nationalbibliothek
Die Deutsche Nationalbibliothek verzeichnet diese Publikation in der Deutschen Nationalbibliografie; detaillierte bibliografische Daten sind im Internet über http://dnb.d-nb.de abrufbar.

Frankfurter Allgemeine Buch

Frankfurter Allgemeine Buch
Pariser Straße 1
60486 Frankfurt am Main

Umschlag: Nina Hegemann
Titelfoto: © Adobe Stock/nakedcm
Satz: Jan Walter Hofmann
Druck: CPI books GmbH, Leck
Printed in Germany

1. Auflage
Frankfurt am Main 2024
ISBN 978-3-96251-186-9

Frankfurter Allgemeine Buch hat sich zu einer nachhaltigen Buchproduktion verpflichtet und erwirbt gemeinsam mit den Lieferanten Emissionsminderungszertifikate zur Kompensation des CO_2-Ausstoßes.

Inhalt

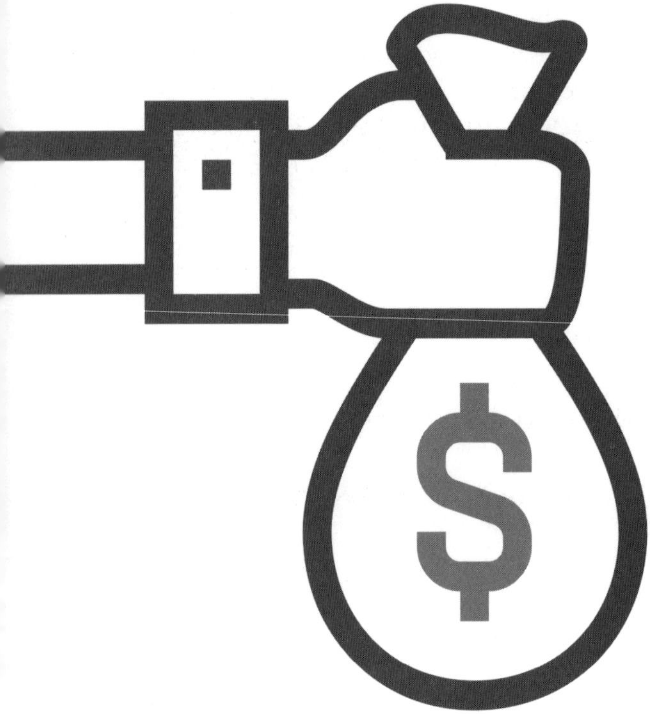

Zur Einstimmung

„Ich wollte da noch etwas mit Ihnen besprechen." Anette wirkte schlagartig nervöser als noch Momente zuvor, als sie souverän erklärt hatte, wie sie durch eine Änderung bei der Berechnung der variablen Vertriebskosten bewirkt hatte, den Deckungsbeitrag eines Projektes wesentlich genauer einschätzen zu können.

„Ah … und was?"

„Es geht um mein Gehalt. Wir hatten ja vereinbart, dass wir bei Gelegenheit nochmal darüber sprechen und da dachte ich mir, dass …", sie schluckte.

„Das können wir gerne mal machen, doch jetzt ist definitiv nicht der richtige Zeitpunkt. Gehaltsgespräche finden bei uns am Jahresende statt", nutzte Frank, Annettes Chef, ihre kurze Sprechpause, um ihr ins Wort zu fallen und damit ihr Anliegen im Keim zu ersticken.

„Ok, dann machen wir das am Jahresende." Ihr war eine gewisse Enttäuschung deutlich anzuhören. Das Thema Gehalt zog sich nun schon eine Weile hin, eine ganze Weile sogar, ohne dass sie auch nur einen Schritt weitergekommen war.

Drei Jahre war sie nun schon in der Werbeagentur als Controllerin tätig und sie liebte ihren Job. Alle Vorgänge im Unternehmen zu analysieren und Möglichkeiten zu finden, um Ressourcen besser einzusetzen, war genau ihr Ding. Sie bekam auch jede Menge Lob dafür von ihrem Chef.

Doch von Lob allein konnte sie auch nicht leben. Nicht, dass sie schlecht verdiente. Aber ihre gute Arbeit sollte sich auch in etwas mehr Gehalt ausdrücken. Nicht weil sie es dringend brauchte, sondern mehr als Zeichen der Anerkennung und Wertschätzung.

Sie ärgerte sich wieder einmal über ihren Chef. Aber das war nicht das Schlimmste. Wenn sie ehrlich war, dann ärgerte sie sich viel mehr über sich selbst. Ihn konnte sie bis zu einem gewissen Grad sogar verstehen. Sich selbst dagegen nicht. Warum machte sie sich so klein, wenn es ums Geld ging? Sie war ja sonst nicht so. Kunden gegenüber konnte sie in Projekten durchaus selbstbewusst auftreten. Auch wenn es darum ging, die Preise der Agentur bei den Kunden zu vertreten, hielt sie sich – so dachte sie zumindest – tapfer, in jedem Fall tapferer, als wenn es um ihr eigenes Gehalt ging. Und das, obwohl Kunden natürlich auch immer wieder nach Nachlässen fragten.

Ihr war elend zumute und sie fühlte, wie Tränen der Frustration in ihr aufstiegen. Diese Blöße wollte sie sich ganz sicher nicht geben. Sie verließ das Büro ihres Chefs und hoffte, dass sie das langsam genug machte, um es nicht wie eine Flucht wirken zu lassen. Sie nahm sich fest vor, dass sich das endlich ändern musste, oder besser, dass SIE das endlich ändern musste.

*****

Paul war in einem Videocall mit einem vielversprechenden neuen Kunden. Nach einem intensiven Briefing hatte er ein Konzept für dessen Social-Media-Marketing ausgearbeitet und ein Angebot dafür erstellt, das er dem Kunden gerade präsentierte.

Diesem schien es zu gefallen. Er nickte immer wieder zustimmend und stellte Fragen, die auf ein Interesse hindeuteten.

„Und wie viel kostet uns der Spaß pro Monat?", fragte er schließlich etwas flapsig.

„Das kommt darauf an, wie viel Sie an Budget für die einzelnen Kanäle ausgeben bzw. letztlich, wie schnell Sie dort wachsen wollen. Mehr Budget, schnelleres Wachstum", antwortete Paul – wohl wissend, dass der Kern der Frage vermutlich ein anderer war.

„Nun, der Teil ist mir soweit klar. Meine Frage zielte auf die Kosten ab, die durch Ihre Betreuung entstehen." Schweigen.

Paul hatte diese Frage erwartet und sich diesmal auch darauf vorbereitet, dachte er zumindest. „Nun, unser Agenturhonorar haben wir mit, äh …" Er merkte, wie sich sein Puls beschleunigte und wie ihm die richtigen Worte einfach nicht einfallen und den Weg aus seinem Mund finden wollten. „Da kalkulieren wir mit … äh … ungefähr einem Manntag pro Woche … und würden dafür … so … 900 € verrechnen, aber dafür haben Sie auch noch die permanente Hotline inkludiert. Wir sind immer da, wenn Sie uns brauchen, und kümmern uns … und … und … und …" Er hörte sich reden und immer mehr Rechtfertigungen für den Preis sprudelten aus seinem Mund. Und dabei hatte er sich fest vorgenommen, diesmal das Honorar zu nennen, das er tatsächlich kalkuliert hatte – 1200 €. Doch wieder war die 1000-€-Hürde unüberwindbar gewesen.

„Naja, wissen Sie was, ich schlage vor, ich denke über Ihr Konzept nach und Sie nochmals über den Preis. Ich denke, bei so einer umfassenden und dauerhaften Zusammenarbeit sollte doch auch ein ernsthaftes Entgegenkommen Ihrerseits machbar sein, oder? Sind wir etwa kein interessanter Kunde für Sie?"

„Natürlich sind Sie das und ja, das können wir gerne so machen." Was folgte, war nur noch ein Rückzugsgefecht, die

Schlacht war bereits verloren – selbst wenn er diesen Kunden gewinnen würde, was Paul durchaus für wahrscheinlich hielt.

Als der Videocall beendet war, hätte er sich am liebsten geohrfeigt. Doch selbst dafür war er zu frustriert. Stattdessen saß er nur mit hängendem Kopf da und grübelte zum x-ten Mal darüber nach, warum er es nicht schaffte, höhere Honorare zu erzielen und sich stattdessen wieder einmal weit unter seinem Wert und viel zu billig verkauft hatte.

*****

Es gibt viele Anettes und Pauls da draußen, sehr viele sogar. Das Gefühl, sich unter Wert zu verkaufen, ist eines, das sowohl Angestellte als auch Selbstständige, Frauen und Männer immer wieder verspüren – wenn ich raten müsste, würde ich sogar schätzen, Frauen noch öfter als Männer.

Und wenn ich in diesem Buch darüber spreche, sich unter Wert oder zu billig zu verkaufen, dann bezieht sich das vor allem auf Finanzielles, also Gehälter, Honorare und Einkommen.

Dieser Fokus hat unter anderem damit zu tun, dass ich gelernter Betriebswirt bin und mich seit Jahren mit der Frage beschäftige, wie jemand – eine Einzelperson oder auch ein Unternehmen – ein höheres Einkommen erzielen kann.

Dabei ist Geld natürlich nicht alles und definitiv nicht das Wichtigste im Leben. Allerdings ist es ein guter Maßstab für so manches – unter anderem auch dafür, wie sehr sich jemand unter seinem Wert verkauft –, vor allem auch deshalb, weil es so klar erfass- und messbar ist. Außerdem gilt:

How you do anything, you do everything.

Harv T. Eker

Wir tendieren dazu, uns in verschiedensten Lebenssituationen immer wieder sehr ähnlich bis gleich zu verhalten. So liegt der Schluss durchaus nahe, dass wir uns auch in anderen Bereichen unter Wert verkaufen, wenn wir das in Bezug auf unser Einkommen – das Gehalt bei Angestellten oder das Honorar, der Stundensatz bzw. der Preis bei Selbstständigen – tun.

Auch wenn es in diesem Buch nicht ausdrücklich um diese anderen Situationen geht, werden Sie die meisten Impulse auch dort nutzbringend verwenden können.

Dieses Buch stellt keinen Leitfaden dar, wie Sie Schritt für Schritt mehr Einkommen erzielen. Vielmehr ist es eine Sammlung von Denkanstößen mit dem Ziel, dass Sie über sich und Ihre individuelle Situation nachdenken und so selbst zu Schlüssen gelangen und die eine oder andere Idee für sich ableiten. Und wenn ich das mit meinem Buch schaffe – Sie dazu anzuregen, über Ihre Situation nachzudenken und Sie dabei zu unterstützen, etwas daran zu ändern –, dann bin ich schon recht zufrieden.

Doch gleich vorweg: Eigentlich verkauft sich niemand unter Wert, niemals. Warum das so ist, darauf werden wir noch zu sprechen kommen. Lassen Sie es uns daher als „sich zu billig verkaufen" bezeichnen. Dass das mehr als nur Wortklauberei ist, werde ich im Laufe des Buches deutlich machen.

Selbst ist der Mann ... und die Frau natürlich auch

In Zeiten von dramatischen Preissteigerungen und beschleunigter Geldentwertung wird verständlicherweise der Ruf nach entsprechenden Gehaltserhöhungen laut. Doch bei den meisten äußert sich das nur im Abhalten von Jammerzirkeln: im Kreise der Kollegen als Leidensgenossen oder am Stammtisch. Die wenigsten raffen sich dazu auf, dem Jammern auch

Handlungen folgen zu lassen. Der Staat mit seinen Interessensvertretungen und die Gewerkschaften sollen das gefälligst für die Angestellten richten. Dafür sind diese Organisationen ja schließlich da.

Doch während die Interessensvertretungen mit den Arbeitgebern immer noch endlose Diskussionen führen und Verhandlungsrunden drehen, haben die smarten Mitarbeiter die Zügel schon lange selbst in die Hände genommen. Was auch immer bei den offiziellen Gehaltsrunden irgendwann als Ergebnis herauskommen mag, interessiert sie herzlich wenig: Von diesen oft mageren Erhöhungen wollen sie ohnehin nicht abhängig sein. Das entspricht nicht ihrer Sicht auf die Welt, nicht ihrer Persönlichkeit und nicht ihrem Credo: „Selbst ist der Mann ... und natürlich auch die Frau."

Die Selbstständigen können von Haus aus nicht darauf bauen, dass irgendjemand höhere Honorare für sie verhandelt oder erstreitet – von ganz wenigen „geschützten" Berufen abgesehen. Sie stehen von Haus aus vor der Wahl, ihr Einkommen selbst in die Hand zu nehmen oder eben die unvorteilhafte Honorarsituation auch weiterhin zu erdulden. Jammerzirkel gibt es bei Selbstständigen und Unternehmern erstaunlicherweise genauso – und sie bringen dort genauso wenig.

Wir sind nicht die Opfer, sondern die Schöpfer der Umstände.

Benjamin Disraeli

Man kann ein höheres Einkommen entweder als sein Recht ansehen und sich darauf verlassen, dass andere dieses durchsetzen. Oder aber man sieht es als seine höchstpersönliche, eigene Aufgabe an, dafür zu sorgen, dass das Einkommen wächst. Für die Vertreter der zweiten Spezies ist dieses Buch gedacht. Es beinhaltet eine Menge nützlicher Impulse und

Denkanstöße, die Ihnen helfen sollen, genau diesen Weg zu gehen.

Sollten Sie sich bisher eher als Vertreterin oder Vertreter der ersten Spezies gesehen haben, könnten Sie es dennoch lesen, jetzt, wo Sie es schon in den Händen halten. Wer weiß, vielleicht wechseln Sie ja in die andere Gruppe über. Dort gäbe es, wie ich das sehe, noch jede Menge Platz.

Verkaufen wir nicht alle etwas?

Aus der Geschichte von Anette wird bereits klar, dass das Problem, sich zu billig zu verkaufen, nicht nur eines von Menschen ist, die eine Dienstleistung verkaufen. Denn letztlich verkaufen wir alle etwas. Jeder Angestellte verkauft seine Arbeitszeit, jede Mitarbeiterin bietet ihre Leistung gegen Geld ihrem Arbeitgeber an. Der wesentliche Unterschied zwischen Angestellten und Selbstständigen ist also, dass Selbstständige mehrere oder sogar viele Kunden haben und Angestellte meist nur einen.

Daher ist es in Sachen mehr Gehalt für Angestellte sehr hilfreich, sich als Unternehmer im Rahmen eines Unternehmens zu sehen. Dieser Denkweise folgend wäre Ihr Arbeitgeber dann Ihr Kunde. Macht man sich diese Sichtweise zu eigen, begibt man sich in eine ganz neue – vorerst gedankliche – Dimension.

Ein weiterer Unterschied zwischen Angestellten und Selbstständigen, wenn es um das Erzielen höherer Honorare oder eben Gehälter geht, ist der, dass Gehälter weitestgehend geregelt sind. Da gibt es Minima, aber festgeschriebene Maxima gibt es – meines Wissens – nicht. Dennoch wage ich zu behaupten, dass die Flexibilität bei der Entlohnung für Selbstständige deutlich größer ist. Für eine Beraterin oder einen

Coach ist es relativ einfach, pro Stunde zwei- oder dreimal so viel zu verdienen wie ein „vergleichbarer" Kollege. Für Angestellte ist das auch möglich, aber deutlich schwieriger, denn es gibt sehr viel mehr Normierung in den Gehaltssystemen. Aber dieses Buch ist genau dafür da, diese gelebten Grenzen infrage zu stellen, aufzuweichen und im Rahmen der jeweiligen Möglichkeiten zu überschreiten.

Achtung – es wird intim

Oft habe ich das Gefühl, es gibt hierzulande nicht viel, was intimer wäre als alles, was mit Einkommen und Geld zusammenhängt. Eher würden die Menschen ihre sexuellen Vorlieben auf Facebook posten (und machen das auch), als zu sagen, wie viel sie verdienen oder ganz generell über ihre finanzielle Situation zu reden.

So gesehen wird es auf den Seiten dieses Buches richtiggehend intim. Ich werde über intime Dinge schreiben, über Gedanken zum Thema Geld und Einkommen, und Sie werden – ganz automatisch – über derlei intime Dinge nachdenken und sich – intensiver und bewusster als sonst – damit beschäftigen.

Die wirklich intimen Bereiche
befinden sich zwischen den Ohren.

Und genau mit dieser Intimsphäre werden wir uns intensiv beschäftigen. Denn dort hat alles – auch Ihr Einkommen – seinen Ursprung.

Ehrlichkeit gefragt

Hand in Hand mit dieser Intimität muss auch Ehrlichkeit einhergehen. Und zwar radikale, schonungslose und 150-prozentige Ehrlichkeit – nicht mir (es sei denn, Sie schreiben mir eine Nachricht), sondern vor allem sich selbst gegenüber. Sie brauchen diese Ehrlichkeit für eine Bestandsaufnahme Ihrer aktuellen Situation in Sachen Einkommen, Gehalt bzw. Honorar. Sie ist die Basis für alles, was diesbezüglich folgt. Ohne diese Ehrlichkeit wäre diese Basis sehr wacklig – keine, auf der ich irgendjemandem empfehlen würde, etwas aufzubauen und Ihnen als geschätzte Leserin oder werten Leser meines Buches schon gar nicht.

Nachdem wir das geklärt hätten, denke ich, dass Sie jetzt nichts mehr aufhalten sollte, sich mit den Gründen dafür zu beschäftigen, dass Sie sich bisweilen (oder auch fortwährend) zu billig verkaufen. Doch das wäre – meines Erachtens – noch nicht genug. Richtig zufrieden bis glücklich wäre ich als Autor, wenn der eine oder andere Impuls bei Ihnen auf fruchtbaren und – im Sinne dieses Buches – profitablen Boden fällt.

Viel Spaß beim Lesen

Bevor Sie weiterlesen

Bevor wir in das Thema dieses Buches einsteigen, noch ein Hinweis. Es gibt eine eigens für dieses Buch erstellte Ressourcenseite unter
https://www.romankmenta.com/reich-gedacht-ressourcen.

Dort finden Sie:

- das Workbook – für kurze Zeit kostenlos – zu diesem Buch, um Sie beim Umsetzen der Impulse zu unterstützen,
- Links zu vertiefenden Blogbeiträgen und Podcasts sowie
- ergänzende Bücher und andere, zum Thema passende Produkte.

Schauen Sie am besten jetzt gleich vorbei und holen Sie sich Ihr Workbook.

Reich gedacht statt arm gespart

Wenn Sie also der Meinung sind, sich zu billig zu verkaufen, dann könnte das zwei Auswirkungen auf Ihr Leben haben. Einerseits das frustrierende Gefühl, das Sie aufgrund dieses Gedankens quält und das sich immer wieder einstellt. Manchmal fühlen Sie sich dabei vielleicht wie in einer Zeitschleife gefangen und es ergeht Ihnen wie Bill Murray in „Und täglich grüßt das Murmeltier": Er weiß zwar genau, was als Nächstes geschehen wird, doch letztlich kann er nichts am Ergebnis ändern – bis er endlich die entscheidende Lehre zieht.

Die zweite Auswirkung könnte eine sein, die Ihre finanzielle Realität deutlich stärker und vor allem unmittelbarer betrifft: Abgesehen von dem frustrierenden Gefühl würde Ihnen bzw. Ihrem Konto ein höheres Einkommen tatsächlich sehr guttun. Um gleich den kritischen Stimmen, die sich an dieser Stelle zu Wort melden könnten, zuvorzukommen: Nein, mehr Geld zu verdienen ist nicht die Lösung für alle Probleme und kein Garant für ein glückliches Leben. Gleichzeitig macht ein höheres Einkommen aber auch nicht unglücklich – mich zumindest nicht und ich unterstelle mal, die Mehrzahl der Leserinnen und Leser auch nicht. Und wenn ich die Wahl hätte zwischen unglücklich mit weniger oder mit mehr Geld, dann müsste ich nur ungefähr eine Zehntelsekunde nachdenken, wofür ich mich entscheide.

Und während die Lösung für das erste Problem des frustrierenden Gefühls deutlich komplexer und vielschichtiger ist wie alles, das unsere inneren Vorgänge, Gedanken und

Emotionen betrifft, gibt es für die zweite Auswirkung zwei recht klare Lösungsansätze: Entweder das Einkommen steigern oder die Ausgaben reduzieren. Entscheidend ist in diesem Fall – anders als im ersten – ja nur, dass die Differenz zwischen Einnahmen und Ausgaben größer wird.

Zu Tode gespart ist auch gestorben

Und angesichts dieser beiden Möglichkeiten – weniger ausgeben oder mehr verdienen – wählen die meisten welche? Was denken Sie? Die scheinbar einfachere: weniger ausgeben. Wir (und damit meine ich den deutschsprachigen Raum und möglicherweise auch viele andere Länder, die ähnlich ticken) sind echte Sparfüchse. Das Sparen ist in vielen Bereichen zu einer Art Grundeinstellung geworden.

So sparen wir ganz traditionell Geld, indem wir, sofern wir es uns leisten können, regelmäßig etwas auf die Seite legen. Dagegen ist auch grundsätzlich nichts zu sagen. Es kommt auf das Mindset und die Einstellung dahinter an. Wenn dieses Sparen dem Gedanken entspringt, dieses Geld, statt es für persönliche Bedürfnisse oder Freizeitvergnügungen auszugeben, in Geldanlagen zu stecken, die eine interessante Rendite erzielen, so ist das eine Sache. So besitzen aktuell etwa 18 % der Deutschen Aktien oder Anteile an Aktienfonds. Das ist zwar mehr geworden, aber nicht wirklich viel. In den USA liegt dieser Wert traditionell bei über 60 %.

Viel öfter, so behaupte ich, entspringt der Sparwille – bisweilen kann es sich sogar zu einer Sparwut entwickeln – aber einer Geisteshaltung des Mangels, einer des sich Einschränkens. „Ich habe zu wenig Geld und deshalb muss ich sparsam damit umgehen." Auch gegen die Idee, sich sein Geld vernünftig einzuteilen, um damit gut über die Runden zu kommen, will ich gar nichts sagen. Allerdings hat das Sparen häufig wenig mit Vernunft zu tun und führt dazu – so behaupte ich und werde das auch gleich erläutern –, dass wir letztlich ärmer statt reicher werden. „Spar dich reich“ ist ein verbreiteter Mythos.

Das Iced-White-Chocolate-Mocha-Syndrom

Wie wenig all dieses Sparen mit Vernunft und Rationalität zu tun hat, können wir gut am Beispiel des Tankens sehen, denn mehr als bei anderen Produkten steht beim Sprit der Preis als Entscheidungskriterium im Vordergrund.

Wir fahren – um unseren Tank aufzufüllen – zur billigsten Tankstelle in einem halbwegs erreichbaren Umkreis. Dabei kann es schon passieren, dass wir einen Umweg in Kauf nehmen, der sich (Hin- und Rückweg sowie eine kleine Wartezeit miteingerechnet, da dort viele tanken wollen) schnell auf 15 oder gar 20 Minuten summieren kann. Aber immerhin investieren wir diese Zeit in einen guten Zweck und sparen bei einem vollen Tank je nach Fahrzeug und aktueller Preislage schon mal 3 €. Mission accomplished – was soll daran schlecht sein?

Dieses Sparverhalten hat mehrere Schwachstellen. Erstens verbrauchen wir für den in Kauf genommenen Umweg natürlich auch etwas Sprit – das ist allerdings meist nicht so viel, dass es ins Gewicht fallen würde. Schwerer wiegt da schon die Zeit: In 20 Minuten haben wir 3 € gespart. Hochgerechnet auf eine ganze Stunde wären das 9 €. So gesehen bezahlen wir uns in Form des gesparten Geldes 9 € pro Stunde. Das ist aber gleichzeitig ein Betrag, für den viele nicht arbeiten würden, ja, sie würden ein solches Angebot sogar als Beleidigung empfinden und das, obwohl sie sich beim billigen Tanken genau diesen Betrag selbst bezahlen.

Richtig irrational bis skurril wird es, wenn wir auf dem Rückweg von der Tankstelle schnell noch bei Starbucks stehen bleiben, uns, ohne mit der Wimper zu zucken, einen Iced White Chocolate Mocha für schlappe 6 € gönnen und so rasch das Doppelte von dem ausgeben, was wir soeben mühsam erspart haben.

Sparen ist auch bei Unternehmen eine beliebte Maßnahme, um die Erträge zu verbessern. Prozesse in Produktion und Verwaltung werden verschlankt und die Einkäufer werden angehalten, aus den Lieferanten auch noch den letzten möglichen Rest an Nachlässen bzw. Zuschüssen herauszuholen. Besonders gerne wird bei den Personalkosten gespart – wobei: Das stimmt nicht ganz. Die Einsparungen beim Personal betreffen oft vor allem die Köpfe und letztlich nicht so sehr die Kosten. Aus meinen vielen Jahren in Konzernen weiß ich das noch sehr genau: Es wurden Mitarbeiter (Köpfe) eingespart, dafür aber wieder Mitarbeiter von externen Dienstleistern angemietet, die allerdings über ein anderes Budget verbucht wurden und so die Personalkosten nicht belasteten – mehr Geld ausgegeben, aber Sparziel erreicht. Ist doch schön, wie vieles leichter geht, wenn man nur bereit ist, sich selbst ein wenig zu belügen.

Den Unternehmen ergeht es also nicht anders als den Privatpersonen beim Tanken. Auch sie erliegen dem „Iced-White-Chocolate-Mocha-Syndrom". Ein anderer solcher „Iced White Chocolate Mocha", der in Unternehmen gerne konsumiert wird, sind Preisaktionen. „Wir zahlen Ihnen die Mehrwertsteuer" oder auch „20 % auf alles" wird da vollmundig und in schöner Regelmäßigkeit verkündet. Dass derartige Aktionen meist mehr kosten als sie bringen – wenn man auf den erzielten Gewinn und nicht nur auf den Umsatz schaut – wird selten berechnet und interessiert aus meiner Erfahrung auch nicht wirklich jemanden. Seltsam, ist aber so.

Man sieht, dass die Sparerei auch in der rationalen (so würden wir unterstellen) Wirtschaftswelt oft sehr seltsame Züge annimmt. Was ich mit all diesen Beispielen sagen will, ist, dass Menschen und Organisationen bei genauerer Betrachtung in vielen Bereichen – und ganz sicher, wenn es um Geld geht – sehr seltsam ticken und dass Vernunft und Logik sehr viel weniger in unsere Entscheidungen involviert sind, als wir annehmen oder uns zumindest wünschen würden. Manchmal fehlen diese Aspekte ganz.

Und diese Erkenntnis ist wichtig für den weiteren Verlauf des Buches. Vieles von dem, was darüber entscheidet, wie viel jemand wert ist – für sich selbst und andere – hängt diesem Gedanken folgend weniger von realen Gegebenheiten, Zahlen, Daten und Fakten ab, als vielmehr von Ideen, Gedanken, Vorstellungen, Wünschen und Träumen. Und das ist weder grundsätzlich schlecht noch gut. Es ist einfach so. Punkt. Dazu später mehr.

Vorerst allerdings nochmal zurück zum Sparen. Abgesehen von den geschilderten seltsamen Auswüchsen hat das Sparen – aus meiner Sicht – noch sehr viel schlimmere, insgesamt betrachtet sogar potenziell desaströse Konsequenzen in Bezug auf das Einkommen – sei es das eigene oder auch das gesamtwirtschaftliche.

Vom guten und vom schlechten Sparen

Um das deutlich zu machen, müssen wir eigentlich zwei Arten von Sparen unterscheiden. Auf der einen Seite steht das Sparen, bei dem wir uns nicht weniger gönnen und keine Abstriche machen, sondern nur versuchen das, was wir wollen, billiger zu bekommen. Das entspricht unserem Tankstellen-Beispiel.

Auch die klassische Schnäppchenjagd fällt in diese Kategorie: Bei jedem einzelnen Schnäppchen sparen wir möglicherweise viel Geld – die Freude darüber lädt dann dazu ein, vollkommen ungeplant noch mehr einzukaufen, sodass wir insgesamt viel mehr ausgegeben haben als wir wollten.

Die zweite Art des Sparens, die ich als die wahre bezeichnen würde, ist jene, bei der wir echten Verzicht üben. Wir verbringen unseren Urlaub im eigenen Garten statt in der Karibik und kochen selbst, statt Essen zu gehen.

Die „Das bist du nicht wert!" Gehirnwäsche

Der Unterschied zwischen den beiden Arten des Sparens – dem einfach nur billiger einkaufen und dem echten Verzicht – ist größer als man vielleicht glauben würde. Bei der ersten Art gönnen wir uns nicht weniger, wir schränken uns nicht ein, sondern kriegen alles, was wir wollen – und manchmal, wie erwähnt, sogar noch mehr. Diese Variante des Sparens ist weniger gefährlich, was unsere Fähigkeit angeht, mehr Geld zu verdienen.

Was ich mit „weniger gefährlich" meine, wird bei der zweiten Art des Sparens klar. Speziell bei dieser nämlich senden die Sparerinnen und Sparer ein klares Signal an sich selbst. Die Botschaften lauten: „Das kannst du dir nicht leisten!" oder noch schlimmer „Das bist du nicht wert." Und genau diese oder ähnliche Botschaften senden Sie jedes Mal an sich selbst, an Ihr Unterbewusstes, wenn Sie mit einem Blick auf die Kosten auf etwas verzichten. Und das ist – je nach Person – oft bis sehr oft der Fall. Man könnte es durchaus als eine permanente Gehirnwäsche bezeichnen, die in unserem ohnehin wenig rationalen und leicht beeinflussbaren Verstand im Laufe der Zeit tiefe Spuren hinterlässt.

Wie bei einer guten, anständigen Gehirnwäsche üblich, wirkt diese – vor allem über einen längeren Zeitraum hinweg. Wir beginnen, diese Botschaften zu glauben und in den tiefsten, verborgensten Bereichen unserer Gehirnwindungen abzulegen, damit sie von dort aus ihr schädliches Werk verrichten können. Bei erschreckend vielen ist der Boden für solche Botschaften bereits gut bereitet, da ihnen auch im Elternhaus über die ganze Kindheit hinweg deutlich zu verstehen gegeben wurde, dass sie sogar den niedrigsten Ansprüchen nicht genügen, die Erziehung leider als Fehlversuch verbucht werden muss.

Das alles geschieht ganz unbemerkt vom bewussten Verstand, der es geschafft hat, sich zumindest noch ein gewisses Maß an Rationalität zu bewahren. Im hellen Sonnenlicht der Vernunft ist ein Glaubenssatz wie „So viel bist du nicht wert!" natürlich nicht haltbar. Aber diese Erkenntnis nützt oft wenig, wenn sich unser Denken zum allergrößten Teil in den verborgenen, dunklen Gehirnwindungen abspielt. Der bewusste Verstand mit seiner Vernunft bekommt ab und an seinen Auftritt, verschwindet aber immer sehr rasch wieder von der Bühne.

Bei der ersten Art des Sparens, der Schnäppchenjagd, ist die Gefahr, dass sich dadurch solche negativen Denkmuster zu dauerhaft unbewussten Glaubenssätzen verfestigen, deutlich geringer – wenngleich auch nicht ganz gebannt. Auch die ständige Frage „Wie kann ich beim Kauf dieses Produktes Geld sparen?" hinterlässt Spuren, denn auch dahinter verbirgt sich natürlich der Gedanke: „Ich habe zu wenig Geld, daher muss ich billiger einkaufen." Und dieser wirkt in dieselbe Richtung wie der völlige Verzicht, nur nicht ganz so stark.

Die Leute, die nichts ausgeben,
sind diejenigen,
die nie etwas haben.
Walter Scott

„Was soll das jetzt bedeuten? Soll ich etwa aufhören zu sparen und das Geld mit vollen Händen ausgeben?" – Spätestens jetzt werden einige Leserinnen und Leser dieses Buch beiseitelegen, vielleicht sogar verärgert darüber, unnötig Geld ausgegeben zu haben – das hätte immerhin für zwei bis drei Iced White Chocolate Mocha gelangt. Verärgert deshalb, weil sie der Meinung sind, dass die Gastspiele der Vernunft auf der Bühne unseres Denkens sehr viel häufiger stattfinden und die einzelnen Auftritte auch länger dauern.

Doch statt meine Aussagen abzuschwächen, lege ich sogar noch eins drauf: Menschen sind hochgradig irrationale Wesen – was durch unglaublich viele verhaltenspsychologische Studien in quasi allen Lebensbereichen bestätigt wird. Das, was ich in den letzten Absätzen geschrieben habe, trifft selbst auf die Intelligentesten unserer Spezies zu. Auch Nobelpreisträger sind nicht vor hinderlichen Denkmustern gefeit, die in mangelndem Selbstwert resultieren können.

Es könnte aber auch sein, dass sich so mancher Leser ertappt gefühlt hat, weil ich Mechanismen, Glaubenssätze und Verhaltensweisen aus ihren unbewussten, dunklen Winkeln ans Tageslicht gezerrt und in Worte gefasst habe. Und wenn das jemanden ärgert, dann würde ich das verstehen – auch das wäre schließlich eine unserer irrationalen Verhaltensweisen. Ich würde jedoch die eingangs erwähnte Empfehlung zur schonungslosen Ehrlichkeit gegenüber sich selbst in Erinnerung rufen.

Das Weltbild des Mangels

Aber nochmal zurück zum Sparen. Bedeutet das jetzt ernsthaft, dass Sparen schlecht ist? Nein, ich will nicht das Kind oder sogar den Kindergarten gleich mit dem Bad auskippen. Wie bei vielen Dingen im Leben kommt es auf die näheren Umstände an. Im Grunde geht es auch nicht um die Frage sparen oder nicht sparen bzw. Geld ausgeben oder nicht, sondern darum, wie man Geld ausgibt, wenn man es ausgibt. Macht man das mit gutem Gewissen und einer echten Freude an dem, was man sich gönnt? Oder hat man auch nach getätigter Ausgabe immer noch und immer wieder ein schlechtes Gewissen aufgrund der hohen Kosten?

Beim Sparen ist es dasselbe. Wenn Sie sparen, um Ihr Geld „sinnvoller" zu verwenden, es etwa zu investieren, erzeugt das positive Energie (ja, ich weiß, ein wenig esoterisch, aber ich bleibe dabei). Sparen Sie allerdings, weil Sie denken, dass Sie sich etwas nicht leisten können, weil Ihr Geld knapp ist, geht das mit negativer Energie einher.

Und diese negative Energie, sei es beim Sparen oder beim Ausgeben, nährt die dunkle Seite der Macht, die von Mal zu Mal stärker wird. Die einzelnen Gedanken verbinden sich im Laufe der Zeit zu Mustern, die immer wieder automatisiert und meist vollkommen unbemerkt ablaufen. Daraus entstehen dann wiederum verschiedene Glaubenssätze (wie die oben erwähnten), die alle eine ähnliche Ausrichtung haben und sich so ganz wunderbar zu einer Weltsicht, einem Weltbild zusammenfügen: dem des Mangels.

Dieses Weltbild entsteht – wie alle anderen Weltbilder auch – durch all unsere Erlebnisse, durch unser räumliches Umfeld, sehr stark durch die Bezugspersonen, mit denen wir uns umgeben, und sehr vielem mehr – so gut wie allem, könnte man sagen. Das Weltbild des Mangels entsteht also nicht nur durch falsches oder falsch verstandenes Sparen. Das würde viel zu kurz greifen. Vielmehr kann das Sparen durch Verzicht seinerseits bereits Ergebnis so eines Weltbildes sein und darauf hinweisen, dass wir diese Sicht auf die Welt haben.

Ist es erst einmal etabliert und gefestigt, beeinflusst es seinerseits wieder alles – unser Denken, unser Handeln, die Entscheidungen, die wir treffen, den Job, den wir machen, den Partner, den wir auswählen bzw. von dem wir ausgewählt werden. Und wenn man durch die Brille des Mangels auf die Welt schaut, dann wird man überall Mangel wahrnehmen und diese Wahrnehmung als Wirklichkeit interpretieren. Und das ist er ja tatsächlich – allerdings nicht DIE, sondern IHRE ganz persönliche Wirklichkeit. Dann herrscht tatsächlich überall, wo Sie hinblicken, Mangel. Ob er tatsächlich existiert, wissen wir nicht, aber wir nehmen ihn zumindest wahr und damit ist er für uns Realität.

Wenn schon, dann mit Freude

Zusammengefasst könnte man also sagen: Ganz gleich, was Sie tun – mehr oder weniger sparen, einen minimalistischen Lebensstil pflegen oder sich alles gönnen, was Sie immer schon mal haben wollten –, tun Sie es mit der richtigen Einstellung, denn nur daraus resultiert die richtige Energie. Die allerschlechteste Variante wäre es, viel Geld auszugeben und dabei ständig ein schlechtes Gefühl zu haben. Also wenn schon, dann mit Freude, Spaß und Genuss, denn schließlich kostet es dann genauso viel.

Das Geheimnis des Geldes liegt nicht darin, es zu verdienen, sondern darin, es richtig auszugeben.

Henry Ford

Wenn Sie sich etwas gönnen, wie es so schön heißt, und dabei ein gutes Gefühl haben, dann fluten Sie Ihren Körper nicht nur mit positiver Energie, sondern verpassen Ihrem Gehirn eine Wäsche der anderen Art. Die Botschaften, die Sie damit aussenden, lauten: „Ich bin mir das wert!“ oder auch „Ich kann mir das leisten!“ oder „Ich kann Geld ausgeben, denn es fällt mir leicht, mehr davon zu beschaffen.“ Diese Botschaften erreichen natürlich nicht nur Ihr eigenes Gehirn auf dem kurzen Dienstweg, sondern strahlen auch nach außen. Sie werden von anderen Menschen wahrgenommen und diese beginnen, Sie in einem anderen Licht zu sehen. Und wie Sie von anderen wahrgenommen werden, ist für das Ziel, das wir uns mit diesem Buch gesetzt haben – nämlich „mehr Geld verdienen“ – mindestens genauso wichtig wie das Bild, das Sie selbst von sich haben.

Und wenn Sie mit ebendiesen positiven Gedanken sparen und dann von dem Ersparten zum Beispiel eine Wohnung kaufen, die sie dann vermieten, dann ist auch das eine Gehirnwäsche der guten Art. Immobilien kaufen und vermieten ist schließlich etwas, das auch die meisten Menschen tun, die richtig große Vermögen aufgebaut haben.

Ob Sie sich arm oder reich sparen, ist also keine Frage der Geldmenge, sondern eine Frage des Denkens, der Sicht auf die Welt und der Energie. Und all das sind wesentliche Grundlagen dafür, mehr zu verdienen, wenn auch nicht die einzigen. Zwei enorm wichtige Gedanken möchte ich diesem Fundament noch hinzufügen, bevor wir uns dem nächsten Kapitel zuwenden.

I'm lovin it

Ich hatte kürzlich eine Klientin im Coaching, deren One-Woman-Unternehmen als Coach bzw. Therapeutin noch eine komplette Baustelle war. Das ist zu Beginn auch der Normalfall. Sie hatte eine solide Ausbildung, aber ansonsten fehlte es noch so ungefähr an allem – Geschäftsmodell, Positionierung, Zielkunden, Leistungsangebot usw. Sie hatte bereits die ersten Kunden für sich gewinnen können – Empfehlungen des Freundeskreises –, wie es zu Beginn oft der Fall ist. Das Thema, mit dem sie aktuell am meisten zu kämpfen hatte, war die Höhe ihres Honorars. 60 € pro Stunde hatte sie erhalten. Und selbst ihr als Nicht-Betriebswirtin war klar, dass das zu wenig war, um darauf eine berufliche Existenz aufzubauen, die mehr ist als ein schlecht bezahltes Hobby.

Bei der Diskussion darüber fragte ich sie nach ihrer grundsätzlichen Haltung zu Geld und versuchte, so auch versteckten Glaubenssätzen, die sie beim Geldverdienen behinderten, auf die Schliche zu kommen. Viel Detektivarbeit war nicht nötig. „Geld ist mir eigentlich nicht so wichtig. Ich kann auch mit wenig auskommen", waren Aussagen, die ihre Grundhaltung rasch deutlich machten.

Wenn es darum geht, mehr Geld zu verdienen, dann finde ich es hilfreich, das Geld als Person zu sehen – auch auf die Gefahr hin, dass der eine Leser oder die andere Leserin das für sehr seltsam halten könnte. Warum das hilfreich sein soll? Weil wir im Normalfall sehr gut wissen, wie wir Menschen behandeln müssen, damit sie Zeit mit uns verbringen und uns ihre Aufmerksamkeit oder sogar Zuneigung schenken. Ganz klar: Wir müssen nett, höflich und aufmerksam sein. Wir müssen uns Zeit für sie nehmen, sie besser kennenlernen und verstehen. Häufiger Kontakt hilft sehr, um eine gute Beziehung – sei es nun Freundschaft oder Partnerschaft – aufzubauen, und das eine oder andere Geschenk natürlich auch. Wir müssen die Bedürfnisse des anderen berücksichtigen. Und all das müssen wir dem anderen natürlich auch deutlich zeigen. Immer wieder.

So gesehen: Wenn wir Geld als Person betrachten, ist es kein Wunder, wenn es, wie im oben beschriebenen Fall, nicht zu meiner Klientin kommt. Sie sagt zum Geld – laut ausgesprochen oder auch nicht – permanent Dinge wie: „Du bist mir nicht wichtig. Ich mag dich nicht besonders. Ich komme auch ohne dich über die Runden." Wie sehr würden Sie sich zu jemandem hingezogen fühlen, der so über Sie denkt und Ihnen das möglicherweise sogar sagt? Wie häufig würden Sie die Gesellschaft dieser Person suchen? Wenn es Ihnen geht wie mir, dann lauten die Antworten „überhaupt nicht" und „niemals".

Bevor es jetzt aber so manchen Lesern zu metaphysisch wird – ich würde nicht so weit gehen, dem Geld ein eigenes Denken oder sogar Fühlen zuzusprechen. Vielmehr ist das auch wieder etwas, das sich nur in uns selbst, in unserem eigenen Denken und Fühlen, abspielt. Man könnte sagen, die Person des Geldes ist ein Teil von uns selbst, zu dem wir eine bessere oder eben schlechtere Beziehung haben.

Ob Sie so weit gehen müssen, diese Person zu lieben, sei dahingestellt. Liebe ist ein sehr dehnbarer Begriff und je nachdem, was Sie darunter verstehen, spräche überhaupt nichts dagegen. Doch zumindest so etwas wie Wertschätzung und Sympathie wären jemandem gegenüber, der in unserer Gesellschaft und damit auch in Ihrem Leben eine so wichtige Rolle spielt, durchaus angebracht. Ob nun „I'm lovin' it" oder „Ich mag dich": Wie Ihre Botschaft an Ihr Geld und vor allem auch an jenes, das noch nicht bei Ihnen ist, aber zu Ihnen kommen soll, lautet, entscheiden Sie selbst. Aber etwas in dieser Art wäre als Basis für ein höheres Einkommen absolut angebracht.

Panta rhei

Eine sehr berühmte Lehraussage des griechischen Philosophen Heraklit, der vor 2500 Jahren lebte, lautete: „Panta rhei", übersetzt: „Alles fließt".

Was wollte er uns damit sagen? Er illustrierte das recht anschaulich am Bild eines Flusses, in den man hineinsteigt. Nicht nur, dass darin das Wasser fließt und sich so ständig verändert, auch ich selbst als derjenige, der hineinsteigt, verändere mich beständig. Wenn ich fünf Minuten später wieder in den Fluss steigen würde, wäre es nicht nur ein anderer Fluss, sondern auch ich wäre ein anderer Mensch.

„Und was bitte soll diese recht einfache Botschaft (aus Achtung vor Heraklit würde ich sie nicht als banal bezeichnen wollen) mit dem Thema des sich ‚unter Wert Verkaufens' zu tun haben?" Eine berechtigte Frage, sollte sie Ihnen im Kopf herumgegangen sein.

Auch 2500 Jahre später fließt immer noch alles, sogar sehr viel schneller als zu Heraklits Zeiten. Die physischen Ströme von Waren und Leistungen aller Art haben sich vervielfacht, sowohl in ihrem Umfang als auch in ihrer Geschwindigkeit. Doch nicht nur das. Auch unsere gedanklichen Ströme sind – so behaupte ich – schneller und mehr geworden, allerdings nicht unbedingt zu unserem Vorteil. Tausende oder vielleicht sogar zehntausende Impulse prasseln beständig auf uns ein – online oder auch in der realen Welt. Nicht, dass wir die alle verarbeiten könnten oder gar würden – das wäre eine im wahrsten Sinne des Wortes „undenkbare" Aufgabe für den hochgeschätzten, aber wie sich vorhin bereits gezeigt hat beschränkten bewussten Teil unseres Verstandes.

Seitdem Geld in vielen Bereichen der Treibstoff für diese Ströme von Waren und Informationen ist, fließt auch Geld selbst in unermesslichen Mengen und mit halsbrecherischer

Geschwindigkeit. Und wenn es nun nicht nur darum geht, das unangenehme und frustrierende Gefühl des „sich zu billig Verkaufens“ zu eliminieren, sondern diesem Erfolg auch finanzielle Tatsachen in Form von höheren Einnahmen folgen zu lassen, ist es unerlässlich, sich in diesen Strom einzuklinken.

Dieses Bild mit dem Weltbild des Mangels verknüpft, hat folgende Konsequenz mit erheblicher Tragweite: Wenn jemand Botschaften des Mangels an sich selbst und seine Umwelt aussendet, sagt er damit: „Ich habe nur einen ganz kleinen Bach, eher ein Rinnsal, an Geld, das bei mir vorbeifließt und aus dem ich schöpfen kann.“

Doch das ist nicht die einzige relevante Botschaft. Wenn jemand spart, und zwar in der oben beschriebenen kontraproduktiven Variante, die mit negativer Energie einhergeht, dann bedeutet das, übersetzt in unsere Flussmetapher, so etwas wie: „Ich habe hier einen Staudamm und sammle Geld in meinem Staubecken. Nicht, um es dann ganz gezielt und fokussiert in Turbinen zu leiten, die dann Energie produzieren, sondern nur so – für später, falls ich es mal brauchen sollte.“

Wenn wir nun weiterhin annehmen würden – nur des Gedankenspiels wegen und um in unserer Metapher zu bleiben –, dass es jemanden gäbe, der diese Ströme lenkt und diesem noch dazu Verstand und gute Absichten unterstellen, was würde der wohl machen? Also, wenn ich das wäre, würde ich erstens keine wasserreichen Ströme in Rinnsale umleiten. Schließlich bestünde die Gefahr, dass ich diese damit rasch überlaste. Und zweitens würde ich noch viel weniger wertvolle Ressourcen in ein Becken leiten, in dem mit diesen dann genau gar nichts geschieht. Wenn dort ein wenig drin ist, sodass der Boden bedeckt ist, dann reicht das schon.

Den Großteil meiner Ressourcen würde ich allerdings in einen Bach, einen Fluss oder einen Strom umleiten, der viel transportiert und beständig wächst. Und sehr gerne würde ich meine Ströme auch in ein Becken leiten, das nicht nur sammelt, sondern wo in einem nächsten Schritt dann auch sinnvolle und produktive Dinge damit gemacht werden – so wie ein Staubecken, das Turbinen antreibt, die Strom erzeugen.

Was heißt das nun? Geld muss fließen. Damit es schneller hereinfließt, muss es auch schneller wieder hinausfließen. Und damit es auch hinausfließt, müssen Sie es ausgeben für etwas, das Sie mit guter Energie versorgt oder auch etwas, das den Strom breiter und schneller werden lässt. Es ist sehr viel einfacher, sich selbst mit einer ordentlichen Menge Wasser für den eigenen Bedarf zu versorgen, wenn man aus einem großen Strom und nicht aus einem Rinnsal schöpft. In einem großen Strom können Sie baden, in einem Rinnsal dagegen können Sie sich maximal die Zehen nass machen.

So gesehen ist der philosophische Ausspruch „Panta rhei“ auch für unsere Zwecke bedeutsam. Heraklit möge es mir nachsehen, dass ich seine Metapher für so etwas Banales wie Geld verwendet habe (nicht missbraucht, wie ich hoffe).

Vom Unmöglichen zum Undenkbaren zum Möglichen

Ein großes Hindernis auf dem Weg zu höheren Gehältern, Honoraren und Einkommen ist die Tatsache, dass vieles in diesem Bereich einfach unmöglich ist. Oft gibt es Rahmenbedingungen – festgeschriebene Gehaltsstrukturen innerhalb eines Unternehmens etwa oder Honorarordnungen in bestimmten Gewerben –, über die man sich nicht so einfach hinwegsetzen kann. Da werden mir viele zustimmen, fürchte ich. So denken viele, die das Gefühl haben, nicht das zu bekommen, was sie wert sind. Die Hindernisse sind dabei allerdings nicht die Gehaltsstrukturen und Regeln, sondern unser Glaube an sie.

Nun will ich mich nicht in die lange Reihe der „Alles ist möglich, wenn du nur fest genug daran glaubst!"-Rufer einreihen. Das stimmt aus meiner Sicht schlichtweg nicht. Vielmehr ist es mir ein Anliegen, die Vorstellung von dem, was unmöglich oder undenkbar ist, zu relativieren und zumindest ein wenig, besser noch ganz ordentlich, ins Schwanken zu bringen.

Was ich in diesem Zusammenhang allerdings sehr wohl unterschreiben würde, ist die Aussage „Alles ist UN-möglich, wenn du nur fest genug daran glaubst!" Und voll und ganz stehe ich hinter dem Satz „Wir alle können sehr viel mehr als wir glauben, mehr als wir für möglich halten." Wir alle bleiben beständig unter unseren Möglichkeiten und schöpfen das uns zur Verfügung stehende Potenzial nicht annähernd aus. Um nicht zu fatalistisch zu klingen, würde ich zugestehen, dass es ein paar wenige Exemplare der menschlichen Gattung geben mag, die zumindest in einem oder wenigen Bereichen ihr Potenzial voll ausschöpfen. Diese kennen wir vermutlich alle, weil Derartiges fast immer ans Licht der Öffentlichkeit gelangt. Doch das ändert so gut wie nichts an der Tatsache, dass wir im Großen und Ganzen viel Luft nach oben haben, um es einfach zu sagen.

Doch was ist überhaupt unmöglich? Das ist schwer zu sagen, da es unzählige Beispiele dafür gibt, dass wir mit ebenso unzähligen Vorstellungen davon, was unmöglich sei, daneben lagen.

Wo das Unmögliche endet und das Mögliche beginnt

Kennen Sie Roger Bannister – ohne ihn zu googeln? Wenn nicht, dann ist das nicht weiter schlimm. Allerdings gibt es etwas über ihn zu berichten, das ihn für dieses Buch, dieses Kapitel genauer gesagt, zu einem sehr interessanten Anschauungsobjekt macht – wobei eigentlich nicht ihn, sondern die vielen, die nach ihm kamen.

Roger Bannister war Profiathlet, Läufer, und hatte sich 1952 zum Ziel gesetzt, die britische Meile (1609 m) in unter vier Minuten zu laufen und, um es kurz zu machen, er war auch der erste Mensch, dem das gelang. Am 6. Mai 1954 vollbrachte er diese Leistung.

Dazu muss man wissen, dass die 4-Minuten-Grenze für die Meile bis zu diesem denkwürdigen Tag nicht nur irgendeine Zeit war. Viele Läufer, auch Bannister, hatten schon oft versucht, diese Marke zu unterbieten und sich ihr auch bis auf ein oder zwei Sekunden genähert: Ohne Erfolg. Man konnte die britische Meile anscheinend nicht schneller als in vier Minuten laufen. Das schien ein Ding der Unmöglichkeit zu sein.

Es scheint immer unmöglich, bis es getan ist.
Nelson Mandela

Das wirklich Spannende und für die Zwecke dieses Buches Lehrreiche geschah nicht beim Rekordlauf von Roger Bannister, sondern danach. Nur sechs Wochen nachdem Bannister den neuen Rekord aufgestellt hatte, wurde dieser von Landy, einem australischen Läufer, um 1,5 Sekunden unterboten. Ein wenig so, als ob durch Bannisters Lauf der Deckel von einem Topf oder auch der Korken aus einer Flasche genommen worden wäre, blieben innerhalb weniger Wochen und Monaten nach dem Rekordlauf immer mehr Läufer unter der magischen Marke, die heute keine große Bedeutung mehr hat.

Was war geschehen? Ganz still und heimlich wurde als Folge des Laufes von Bannister ein grundlegender Glaubenssatz – „Man kann die Meile nicht in unter 4 Minuten laufen, das ist unmöglich" –, der sich in den Köpfen vieler Läufer festgesetzt hatte, ausradiert. Und siehe da, kaum war dieser Glaubenssatz ausgelöscht, war etwas für viele weitere Athleten möglich, was vorher nicht möglich gewesen war, weil die meisten fest daran geglaubt hatten – auch wenn es sich vermutlich nur die wenigsten eingestanden hätten bzw. sich dessen überhaupt bewusst gewesen wären.

Die hinderliche Trilogie

Solche Glaubenssätze sind – unabhängig vom Thema – oft in einer Abfolge von drei Hürden angeordnet. Die erste und höchste Hürde heißt „Das geht nicht", was so viel bedeutet wie dass niemand das je geschafft hat und auch niemand das je schaffen wird. Durch den Lauf von Bannister wurde diese erste Hürde eliminiert. Das heißt – und das ist die gute Botschaft –, dass man diese erste Hürde nicht selbst überwinden muss. Man kann sie, wie Bannisters Nachfolger, von jemand anderem aus dem Weg räumen lassen, um dann diese nicht mehr existierende Grenze ganz locker zu überschreiten. Doch das bedeutet noch lange nicht, dass man es geschafft hätte. Schließlich warten noch zwei weitere Hürden, die sich als nicht minder schwierig erweisen können.

So würde ich selbst, obwohl ich regelmäßig jogge, vor der nächsten riesigen Hürde stehen, wenn es darum ginge, die Meile in unter vier Minuten zu laufen. Auf ihr steht in großen, fetten Lettern: „Das kannst du nicht!" Anders ausgedrückt: „Ja, etliche andere, besonders begabte, mit speziellen Fähigkeiten und Erfahrungen ausgestattet Menschen können das, aber ich nicht." Das ist die Hürde, vor der viele von uns am häufigsten stehen, weil in vielen Bereichen des Lebens die erste Hürde bereits nicht mehr existieren. Sie scheint uns aber oft genauso hoch zu sein wie die erste.

Und ist die zweite durch Strategie, harte Arbeit, konsequente Umsetzung und manchmal auch eine wohlverdiente Portion Glück überwunden, ist die Freude und Erleichterung aufgrund dieses Erfolgs oft nur von kurzer Dauer. Noch wartet die dritte Hürde darauf, bezwungen zu werden. Auf unserer dritten Hürde ist zu lesen: „Du kannst das nicht wieder!" Es mag Fälle geben, in denen die dritte gleich mit der zweiten pulverisiert wurde, weil die zweite so bravourös gemeistert wurde, dass es keinerlei Zweifel an einer erfolgreichen Wiederholung gibt. Doch häufiger drängen selbst nach dem Bezwingen der zweiten Hürde Zweifel auf die Bühne unseres bewussten Denkens. Und so kann es gut sein, dass man vor dieser dritten Hürde mehr Zeit verbringt als vor der zweiten.

Dabei ist das noch nicht einmal das Schlimmste. Während die erste Hürde für alle Zeiten ausgelöscht ist, wenn sie erst einmal überwunden wurde, verhält sich das mit der zweiten Hürde nicht unbedingt genauso. Während wir vor der dritten Hürde warten und uns darauf vorbereiten, diese zu überwinden, kann bei längerer Verweildauer etwas Seltsames geschehen: Die zweite Hürde entsteht erneut, wie der Phönix aus der Asche, und das, was überwunden geglaubt war, steht fast wieder so massiv und hoch vor uns wie zuvor. Manchmal kann das so weit gehen, dass wir uns nicht einmal mehr sicher sind, diese zweite Hürde überhaupt überwunden zu haben. Das Gedächtnis ist ein Sieb mit bisweilen sehr großen Löchern und wir sind uns rückblickend bei vielen Dingen nicht mehr so ganz sicher, was tatsächlich war und was nicht.

All das habe ich bei Coaching-Klienten erlebt und leider auch am eigenen Leib erfahren – sicherlich nicht zum letzten Mal.

Problem erkannt – Problem noch lange nicht gebannt

Warum dieser kleine Exkurs zum Thema Hürden und damit verbundenen Glaubenssätzen? Ich denke, dass es hilfreich ist, zumindest einen kleinen Einblick (und mehr ist es wirklich nicht) in die verschlungenen und wundersamen Pfade unseres Denkens zu bekommen. „Problem erkannt, Problem gebannt" ist leider ein Satz, der auf unser Denken in den meisten Fällen nicht 1:1 übertragbar ist. Immer wieder bin auch ich vollkommen hin und weg von der Erkenntnis, wie seltsam ich ticke und mich in manchen Situationen verhalte, was noch lange nicht heißt, dass ich mich nächstes Mal nicht wieder darüber wundere. Aber ganz nutzlos ist die Erkenntnis des Problems auch nicht. Zumindest ab und an hilft sie dabei, eine Hürde zumindest ein wenig niedriger und so leichter überwindbar zu machen und in glücklichen Fällen vielleicht sogar, diese ganz aus dem Weg zu räumen.

Man könnte also sagen: „Selbsterkenntnis ist der erste Schritt zu Besserung." Hinter diese Aussage würde ich mich definitiv stellen und das sogar mit Begeisterung.

Was bedeutet das jetzt für das Problem, um das es in diesem Buch geht? Die erste Hürde ist in den meisten Fällen bereits von anderen genommen worden. Es gibt Angestellte, die für denselben Job, den Sie vielleicht machen, mehr bis deutlich mehr verdienen. Wenn Sie selbstständig sind, dann gibt es definitiv in vermutlich so gut wie allen Branchen Menschen, die ein Vielfaches von dem erhalten, was Sie auf Ihre Rechnungen schreiben – pro Stunde, pro Tag oder auch pro Leistungseinheit.

Bei vergleichbaren Tätigkeiten sind die Unterschiede bei Selbstständigen größer als bei Angestellten. Bisweilen sind die Unterschiede sogar riesig. In einem Bereich, in dem ich tätig bin – Vorträge und Keynotes vor größerem Publikum zu halten –, ist das ganz extrem. Ich kenne Kollegen, die mehr als 10 000 € BEZAHLT haben, um auf einer Bühne (zugegeben, es war eine tolle und große) stehen und einen Vortrag halten zu dürfen. Andererseits gibt es aber auch Rednerinnen und Redner, die zehntausende oder, wenn sie sehr international unterwegs sind, auch hunderttausende Euro für einen einstündigen Vortrag erhalten. „Sind sie das wert?", könnte man kritisch fragen. Ja, sind sie, sonst würden sie das nicht bezahlt bekommen. Doch dazu später noch mehr.

Bei Angestellten sind die Differenzen wie erwähnt kleiner, was Sie aber nicht dazu verleiten soll, zu lange vor der ersten Hürde zu verharren, weil Sie glauben, was Ihr Gehalt betrifft, wäre nicht mehr möglich. Also, die erste Hürde ist definitiv genommen.

Die zweite beschäftigt uns da meist schon länger. „Der oder die kann das bzw. bekommt das, aber ich nicht, weil ..." Und wenn wir so darüber nachdenken, dann finden wir auch allerlei Gründe – böse Zungen behaupten auch, es seien Ausreden –, warum das so ist. Wir bekommen immer Antworten auf die Fragen, die wir uns stellen. Oft sind wir mit dem Ergebnis nicht zufrieden, doch das liegt nicht an den Antworten, sondern daran, dass wir uns die falschen Fragen stellen. Wenn wir uns in puncto Bezahlung etwa die Frage stellen „Warum bekommt der mehr als ich?" oder „Warum bekomme ich nicht so viel?", dann dürfen wir uns nicht wundern, wenn wir Antworten erhalten, die nicht dazu beitragen, uns stärker und selbstbewusster zu fühlen, was eine wesentliche Grundlage für mehr Einkommen darstellt.

Was, wenn wir uns stattdessen fragen würden: „Was müsste ich tun, um mehr zu erhalten?" oder auch „Wie müsste ich denken, um mehr zu erhalten?" Die Antworten darauf wären andere und deutlich zielführendere. Spannend wäre in diesem Zusammenhang übrigens auch die Frage: „Welche Fragen müsste ich mir stellen, um mein Einkommen zu steigern?" – nur so am Rande angemerkt.

Gerade bei angestellten Tätigkeiten finde ich es spannend, wie irrational sich Unternehmen in puncto Gehaltserhöhungen verhalten. Einem bestehenden Mitarbeiter, der zugegebenermaßen eine wirklich tolle Leistung erbringt und sehr wertvoll für das Unternehmen ist, nennenswert mehr zu bezahlen ist oft – systembedingt, so heißt es – nicht möglich. Schließlich muss man ja auch die Personalkosten im Auge behalten. Wenn dieser Mitarbeiter dann frustriert das Handtuch wirft und einem anderen Arbeitgeber, der gewillt ist, deutlich mehr zu bezahlen, in die weit geöffneten Arme läuft, muss die Stelle natürlich nachbesetzt werden. Was dann interessanterweise passieren kann, ist, dass dem Neuen so viel bezahlt wird, wie man seinem Vorgänger niemals zugestanden hätte. Das kann etwa aus der Notlage heraus geschehen, unterhalb dieses Gehalts niemanden zu finden. Plötzlich geht es. Geld gespart hat man dann wohl kaum, zumal die Kosten, die ein Mitarbeiterwechsel verursacht, so gut wie nie berechnet werden, was besser für das Seelenheil und die erholsame Nachtruhe der Entscheider ist.

Für uns bedeutet das, ja, es kann sogar gut sein, dass für ein höheres Gehalt der Umweg über einen anderen Arbeitgeber zumindest eine Option sein sollte.

Von Selbstständigen höre ich auch oft, dass „meine Kunden nicht bereit sind, so viel zu bezahlen". Das mag sein. Oft stellt man allerdings bei genauerer Betrachtung ernüchtert und zerknirscht fest: „Sie sind sehr wohl bereit, so viel und noch sehr viel mehr für eine Leistung wie meine zu bezahlen – nur eben nicht an mich." Und das wiederum hat weniger mit den Kunden als vielmehr mit mir zu tun. Diese Erkenntnis mag schmerzhaft sein – deswegen auch der Hinweis auf die schonungslose Ehrlichkeit zu Beginn des Buches –, ist aber gleichzeitig sehr heilsam und unbedingt notwendig. Nichtsdestotrotz kann es für Selbstständige aber auch bedeuten, dass sie ihre Kunden auswechseln müssen, so wie ein Angestellter seinen Arbeitgeber. Das muss zumindest eine Option sein.

Diese zweite Hürde, so viel oder mehr für den gleichen Job zu bekommen wie andere, ist auch jene, an der ich selbst mit meinen Klienten am häufigsten arbeite.

Die dritte Hürde ist für mich eigentlich die seltsamste. Dass man sich selbst etwas nicht zutraut, das jemand anderes kann, ist gut nachvollziehbar und verständlich. Sich allerdings selbst das nicht zuzutrauen, was man bereits geleistet hat, ist gelinde gesagt recht merkwürdig. Wie kann das sein? Der

Psychologe Martin Seligman erklärt das in seinem Klassiker „Pessimisten küsst man nicht". Er unterscheidet darin pessimistische und optimistische Muster, wobei sich die Definition von Pessimismus und Optimismus nicht unbedingt mit der alltagssprachlichen Verwendung dieser Begriffe decken muss. Wenn jemand einem optimistischen Muster folgt, dann bezieht er Erfolge auf sich selbst und generalisiert. Anders gesagt denkt so jemand: „Das habe ich aufgrund meiner Leistung geschafft und ich werde das immer wieder schaffen." Der Pessimist macht genau das Gegenteil. Er schreibt seine Erfolge externen Faktoren zu und reduziert sie auf den Einzelfall. Einfacher ausgedrückt sagt er sich: „Na ja, das war ja Zufall bzw. ist mir nur gelungen, weil ... und wird mir daher auch nicht oder nicht so schnell wieder gelingen."

Das bedeutet, dass Menschen mit einem grundlegend pessimistischen Muster länger vor der dritten Hürde stehen, bis sie diese überwinden, und dass solche mit optimistischem Muster diese dritte Hürde gleich in einem Aufwasch mit der zweiten erledigen.

Zu teuer gibt es nicht

Haben Sie von Ihrer Chefin oder einem Kunden schon einmal gehört, dass Ihre Gehaltsvorstellung oder das geforderte Honorar zu hoch seien? Haben Sie es geglaubt? Gleich vorweg – das war gelogen. Dabei will ich all den Chefs und Kunden, die so etwas vielleicht schon einmal gesagt haben, gar keine Absicht und schon gar keine Böswilligkeit unterstellen. Sie konnten nur das, was sie eigentlich sagen wollten, nicht entsprechend artikulieren. Vielleicht war es ihnen auch gar nicht bewusst. Doch was wollten sie damit eigentlich sagen?

Im Grunde hat diese Person Ihnen mitgeteilt, dass das Verhältnis des Wertes zum geforderten Preis aus ihrer Sicht nicht passt. Das wäre die für mich korrekte Formulierung. Dabei haben Sie aber die Wahl zwischen zwei Interpretationen dieser Aussage, die eine wesentliche Auswirkung auf Ihr Verhalten haben.

Sie können das „zu viel" Ihrer Chefin bzw. das „zu teuer" Ihres Kunden als das verstehen, was die Worte aussagen: Der Preis (in Form von Gehaltsvorstellung oder Honorar) ist zu hoch. Das wäre nicht unlogisch und absolut nachvollziehbar. Doch was ist die Konsequenz, die mit dieser Interpretation unweigerlich verknüpft ist?

Wenn die Botschaft tatsächlich als „zu teuer" interpretiert wird, was denkt der Empfänger dann fast automatisch? Richtig, dass er oder sie zu viel verlangt. Es entsteht ein gewisser Druck auf den Preis bzw. die Preisvorstellung: Das, was zuerst offenbar zu hoch angesetzt wurde, muss niedriger werden. Und das ist für unsere Zwecke kontraproduktiv.

Es gibt nichts, was zu teuer ist.
Vieles ist einfach nur zu wenig wert.
Werner von Siemens

Nun könnten wir das „zu teuer" oder „zu viel" aber auch mit „nicht genug wert" übersetzen. Und diese Art der Auslegung ist genauso legitim wie die erste, nur wesentlich zielführender und für unsere Zwecke hilfreich. Doch ist das nicht nur Wortklauberei? Keineswegs. Durch das „zu wenig wert" wird unser Denken in eine ganz andere Richtung gelenkt. Wenn wir so eine Botschaft erhalten, beginnen wir darüber nachzudenken, wie wir unseren Wert als Arbeitskraft bzw. den Wert der von uns angebotenen Leistung steigern können. Und dieser Gedanke produziert vollkommen andere Ergebnisse.

Letztlich ist nichts „zu hoch" oder „zu teuer", doch in vielen Fällen schaffen wir es nicht, einen Wert aufzubauen, der der Gehalts- oder Honorarvorstellung entspricht.

Dennoch spüre ich bei Menschen, selbst bei Unternehmen, die ich mit diesem Gedanken konfrontiere, bisweilen Widerstand, manchmal sogar sehr offenen. Der Grund dafür könnte sein, dass es emotional betrachtet leichter zu akzeptieren ist, wenn man selbst bzw. eine angebotene Leitung „zu teuer" ist. Preise und Gehälter sind an sich etwas relativ Emotionsloses. Der Wert hingegen ist – so scheint es – mit deutlich mehr Emotionen aufgeladen. Und den Gedanken, man selbst bzw. das, was man tut, könnte nicht wertvoll genug sein, auch nur zu denken (und da spreche ich noch gar nicht davon, diesen zu akzeptieren), ist für viele verständlicherweise starker Tobak. Er wird als Beleidigung empfunden, als Angriff. Ganz automatisch werden dadurch diverse Abwehrmechanismen auf den Plan gerufen.

Viel einfacher hingegen ist es, in der Komfortzone zu bleiben und als Selbstständiger ein „zu teuer" als „der kann oder will sich mich eben nicht leisten" abzutun. Als Angestellter ist es noch einfacher, einen passenden gedanklichen Fluchtweg zu finden. Wenn es die Regeln in einem Unternehmen nicht zulassen, für einen bestimmten Job mehr als einen bestimmten Betrag zu bezahlen, dann ist da eben nichts zu machen. Das ist ja schließlich nicht die eigene Verantwortung oder gar Schuld.

Ein „zu wenig wert" hingegen nimmt jene, die diese Interpretation akzeptieren, in die Verantwortung. Für den Wert, den man für sich selbst oder auch auf dem Markt hat, ist man zumindest zu einem guten Teil selbst verantwortlich. Wenn man diesen Wert erhöhen wollte, dann müsste man etwas tun, man selbst und nicht die da draußen. Und diese Eigenverantwortung zu übernehmen ist ganz allgemein betrachtet keine wahnsinnig beliebte und daher auch nicht sehr verbreitete Sache. Dafür haben diejenigen, die sich damit anfreunden, die Nase schon einmal ein schönes Stück weiter vorne.

Vom Preis und vom Wert

Es erscheint mir an dieser Stelle sehr angebracht, ein paar grundsätzliche Gedanken zu Preis und Wert und zu ihrem innigen Verhältnis zu äußern. Preis und Wert sind immer miteinander verbunden, stehen immer in Beziehung zueinander. Wenn Kunden etwas kaufen, sind das die beiden Kriterien, die gegenübergestellt und gegeneinander abgewogen werden. Und nur zur Erinnerung für alle angestellten Leserinnen und Leser: Ihr Kunde ist der Arbeitgeber, der Arbeitskräfte bzw. deren Zeit auf dem Arbeitsmarkt kauft. Freunden Sie sich mit dieser zugegebenermaßen etwas ungewöhnlichen Denkweise an. Sie ist sehr hilfreich bis notwendig für vieles, was noch folgt.

Also, Kunden wägen Preis und Wert gegeneinander ab. Sie vergleichen und entscheiden sich, nicht zu kaufen, wenn der Preis höher ist als der Wert und zu kaufen, wenn der Wert höher ist als der Preis – und vielleicht auch, wenn diese gleich hoch sein sollten. Das passiert vermutlich in den allermeisten Fällen unbewusst. Nur in ganz besonderen Entscheidungssituationen, die besonders wichtig sind und in denen es vielleicht um mehr oder viel Geld geht, machen wir uns diese Entscheidungsfindung bewusst.

Das bedeutet, als jemand, der Arbeitszeit oder eine Leistung anbietet, kann ich diese Entscheidung auf zwei Arten zu meinen Gunsten beeinflussen: Ich kann den Preis senken oder den Wert erhöhen. Den Preis zu senken ist vor allem dann eine schlechte Idee, wenn man – selbstständig oder auch angestellt – seine Zeit verkauft. Davon ist nicht unendlich viel vorhanden. Vielmehr beschränkt sich das zur Verfügung stehende Kontingent auf 24 Stunden pro Tag, von denen wir nicht einmal alle verkaufen können, sondern einen gewissen Teil für unsere eigenen persönlichen Bedürfnisse zurückbehalten müssen. Daher ist unsere Zeit ein knappes Gut, sehr knapp sogar. Und knappe Güter werden in der Wirtschaft nicht diskontiert und immer billiger verkauft. Ich weiß, manche machen das trotzdem und lesen – so hoffe ich – dieses Buch, um genau das zu ändern.

Die zweite Strategie ist, meinen Wert zu erhöhen. Solange dieser nur hoch genug ist, kann ich jeden – wirklich jeden – Preis für meine Leistung oder Zeit erzielen. „Blödsinn!", mögen jetzt manche innerlich laut aufschreien. „Das stimmt doch nicht mit der Realität auf dem Arbeitsmarkt oder in der Wirtschaft ganz generell überein." Tut es doch! Ich behaupte allerdings nicht, dass es immer einfach ist, den Wert so weit zu erhöhen, dass mein gewünschter Preis gerechtfertigt ist.

Zusammengefasst könnte man sagen: Den Preis zu senken ist einfach, aber unprofitabel und nicht unser Ziel. Den Wert zu erhöhen ist deutlich anspruchsvoller und vielschichtiger, dauert länger und bedarf meist einer Investition von verschiedensten Ressourcen, ist dadurch aber auch langfristig nachhaltiger und profitabler.

Ein einfaches Beispiel dazu: Es könnte sich jemand nach der Pflichtschulzeit, also weitgehend ungelernt, was den Arbeitsmarkt betrifft, einen Job suchen und in einer Fabrik als Reinigungskraft bei einem Dienstleister oder auch in der

Systemgastronomie landen, um dort einfache Tätigkeiten zu verrichten und das zu einem niedrigen Gehalt.

Wenn sich unser Absolvent allerdings nicht auf den Arbeitsmarkt, sondern stattdessen in eine weitere Ausbildung begibt, steigert er dadurch seinen Wert und kann nach deren Abschluss dann auch einen höheren Preis in Form von Gehalt oder Honorar erzielen. Das ist so weit nicht neu und auch nicht verwunderlich, stärkt aber die Aussage, dass der Preis, den wir für unsere Leistung erzielen können, sehr eng mit dem Wert, den wir bieten, korrespondiert.

Wie wir unseren Wert steigern können und was dieser Wert überhaupt ist – worin er liegt –, werden wir in den folgenden Kapiteln noch eingehend beleuchten.

Vorab vielleicht, um dafür schon einmal den Boden zu bereiten, könnten wir uns die Frage stellen, WO der Wert entsteht und sichtbar wird und woran er zu messen ist. Beim Preis ist das noch relativ einfach. Preise stehen üblicherweise auf Preislisten, Angeboten und Gehaltsabrechnungen. Sie sind für jedermann recht leicht ersichtlich und greifbar definiert. Aber der Wert?

Der Preis ist das, was wir für etwas bezahlen,
der Wert das, was wir dafür bekommen.
Warren Buffett

Was den Begriff Wert so schwer fassbar macht, ist, dass er meist nirgendwo schwarz auf weiß steht, sondern nur ein Konstrukt in den Köpfen ist – in unseren ebenso wie in jenen unserer Arbeitgeber und Kunden. Und um ihn noch schwerer greifbar zu machen, wird der Wert von etwas nicht im leicht zugänglichen Arbeitsspeicher unseres rationalen Verstandes berechnet bzw. ist dort auch nicht abgelegt. Vielmehr ist es wieder einmal unser Unterbewusstes, das einen Cocktail von oft hochgradig emotionalen Zutaten mixt, aus dem dann irgendwie eine Wertvorstellung entsteht, die in den seltensten Fällen konkret ist. Deshalb sagte Oscar Wilde vollkommen zurecht:

Wir kennen von allem den Preis,
aber von nichts den Wert.

Das alles können Sie ganz leicht im Selbsttest überprüfen. Machen wir eine kurze Probe aufs Exempel und beginnen mit einfachen Dingen: Wie viel ist ein Liter Wasser wert? Jetzt könnten Sie natürlich an Ihren letzten Supermarktbesuch denken und sich an den Preis erinnern, den Sie dort für eine Flasche bezahlt haben und antworten: 69 Cent. Doch Achtung, ist das tatsächlich der Wert? Oder hätten Sie auch mehr dafür bezahlt? Wenn Sie sich nun an den letzten Besuch an der Autobahnraststätte erinnern, wo Sie beim Tanken auch gleich noch eine Flasche Wasser für unterwegs mitgenommen haben, dann liege ich sicher nicht falsch, wenn ich behaupte, dass Sie dort bereits ein Vielfaches für dasselbe Wasser ausgegeben haben. Und nachdem wir ja niemals mehr bezahlen, als etwas wert ist, sprich der Wert immer zumindest so hoch sein muss wie der Preis, stimmen die 69 Cent als Wert offenbar nur bedingt.

Der Wert von etwas ist also offenbar auch von der Situation abhängig. Stellen Sie sich vor, Sie sind in der Wüste und am Verdursten. Wie viel wäre eine Flasche Wasser dann wert? Unendlich viel! Das bedeutet, dass wir offenbar schon bei einem so einfachen Gedankenexperiment große Schwierigkeiten haben, einen konkreten Wert zu nennen.

Hinzu kommt, um das Ganze noch schwieriger zu gestalten, dass der Wert von etwas selbst in derselben Situation nicht eindeutig definierbar ist. Vielmehr ist er etwas höchst Individuelles. Was für Sie viel wert sein mag, ist für mich möglicherweise sehr wenig wert. Umgekehrt genauso. Was Menschen hoch und weniger hoch bewerten, ist daran zu bemessen, wofür sie ihre Ressourcen – Geld und Zeit – ausgeben. Wir geben mehr für Dinge aus, die uns mehr wert sind.

Doch nicht nur das. Wie oft hört man von einem Manager, dass seine Kinder das Wichtigste in seinem Leben seien? Wenn man diese Person dann nicht an ihren Worten, sondern an ihrem Verhalten misst, erkennt man sehr rasch die beinharte Werte-Wirklichkeit dahinter. Der größte Teil der Tageszeit wird im Job verbracht. Für die Kinder – die das Wichtigste im Leben sind – bleiben, wenn überhaupt, ein paar Minuten abends knapp vor dem Schlafengehen und vielleicht ein wenig mehr Zeit am Wochenende, aber nur vielleicht. So viel zum Thema Lippenbekenntnisse und wahre Werte.

An ihren Taten sollt ihr sie erkennen.

Johannes 2,1–6

Und sollten Sie sich jetzt ertappt fühlen (wie ich auch in ähnlichen Zusammenhängen immer wieder), so ist das nicht weiter schlimm. Ich erinnere wieder an die eingangs geforderte Ehrlichkeit gegenüber sich selbst. Wenn es Sie stört, dann können Sie es ja – jetzt, wo es Ihnen bewusst wird – auch ändern, wenn Sie das wirklich wollen.

Doch zurück zu unserem höchst einfachen Beispiel mit dem Wasser, an dem wir bereits so bravourös gescheitert sind. Jetzt stellen Sie sich einmal vor, wir würden uns an ein schwierigeres Beispiel wagen und ich würde Ihnen die Frage stellen: Wie viel sind Sie für Ihren Arbeitgeber oder für Ihren Kunden wert? Die Antwort auf diese Frage ist schwer bis gar nicht zu finden. Selbst wenn Sie Ihren Vorgesetzten oder Kunden fragen würden, würden Sie vermutlich keine vernünftige, geschweige denn konkrete Antwort bekommen, mit der Sie irgendetwas anfangen können. Und wenn Sie mehrere Menschen dazu fragen würden, dann würden Sie zumindest so viele unterschiedliche Antworten erhalten, wie Sie Menschen befragen.

Kurz gesagt, könnte man behaupten: Der Wert von etwas oder jemandem ist eine dehnbare, sehr dehnbare Größe. Und auch wenn Sie jetzt meinen sollten, dass das unser Unterfangen, uns nicht mehr zu billig zu verkaufen, schwieriger macht, dann muss ich Ihnen sagen: ganz im Gegenteil. Die Beispiele zeigen, dass der Wert sehr beeinflussbar ist und von verschiedenen Kriterien abhängt. Und das bedeutet auch, dass Sie und ich ihn beeinflussen können, indem wir an den richtigen Stellschrauben drehen. Wenn dem nicht so wäre, dann würden wir, zumindest wirtschaftlich betrachtet, in einer sehr langweiligen Welt leben. Die frohe Botschaft ist: Sie können etwas an Ihrer aktuellen Situation ändern.

Die Grenzen testen

Um nochmals zu dem „zu teuer" unserer Kunden oder zu dem „zu viel" des einen oder anderen Chefs zurückzukommen, so werden diese Reaktionen ja oft als unangenehm, negativ und ablehnend wahrgenommen. Warum eigentlich? Ist das – aus einem anderen Blickwinkel betrachtet – nicht sogar ein gutes Signal? Wie? Warum? Echt jetzt?

Immerhin zeigt es, dass Sie mit Ihrem Wunsch oder Ihrer Forderung auf Widerstand treffen. Man könnte sagen, Sie sind an die Grenze dessen gestoßen, was Sie für den anderen aktuell in diesem Moment wert sind und wissen jetzt zumindest, wo in etwa diese Grenze ist.

Wenn Sie niemals ein Nein zu einer Gehalts- oder Honorarforderung erhalten, sind Sie zu billig.

Sollten Sie mit Ihren Forderungen oder Wünschen nie an diese Grenze stoßen, dann wissen Sie nicht, wo sie liegt. Und noch viel wichtiger: Sie verkaufen sich unter dem, was möglich wäre oder hart ausgedrückt: Sie sind zu billig und bewegen sich mehr oder weniger weit unterhalb dieser Wertgrenze, die im Kopf Ihres Vorgesetzten oder Kunden existiert, und verschenken Geld.

Mit dieser möglicherweise ernüchternden Erkenntnis beenden wir dieses Kapitel und wenden uns einer Frage zu, die wir bereits gestellt, aber noch nicht wirklich beantwortet haben: Wie hoch ist Ihr Wert?

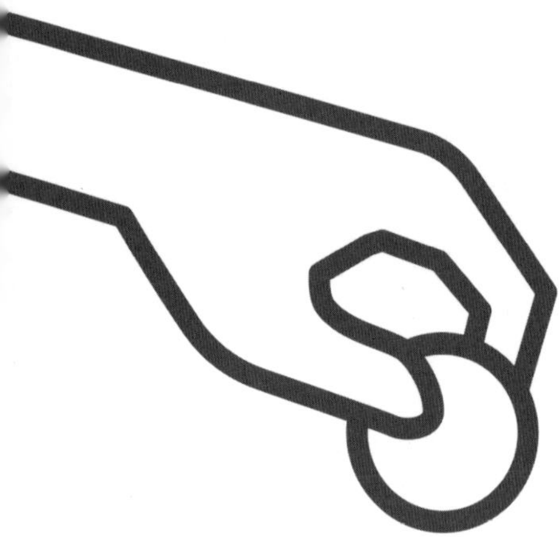

Schätz dich selbst, sonst tut es keiner

Wie viel ist ein Mensch wert? Wie bereits vorhin erwähnt, sind Fragen nach dem Wert, selbst dem von einer schlichten Flasche Wasser, geschweige denn von einem Menschen bzw. seiner Leistung, kaum so zu beantworten, dass die Antwort so etwas wie eine allgemeine Gültigkeit hätte.

Auch die Wissenschaft liefert keine für unsere Zwecke hilfreichen Antworten. Das tut sie – allerdings. Fragt man einen Chemiker, so kann dieser die Grundbestandteile des menschlichen Körpers nennen: ca. 66 % Wasser, 20 % Kohlenstoff, 6 % Sauerstoff, 2 % Stickstoff, 4 % Aschenbestandteile. Diese Bestandteile könnte man für ein paar wenige Euro kaufen.

Mediziner würden das anders sehen, weil sie ihren Fokus nicht auf die chemischen Grundbausteine legen, sondern vielmehr die hochkomplexen biochemischen Substanzen wie Hormone, Neurotransmitter oder auch Insulin betrachten. Und natürlich ist bei dieser Betrachtungsweise der Wert ganzer Organe nicht zu vergessen, die auf dem Schwarzmarkt auch tatsächlich zu sehr hohen Preisen gehandelt werden. So gesehen könnte der Wert eines Menschen in die Millionen gehen.

Man könnte den Wert eines Menschen auch noch aus der Sicht der Ökonomen oder auch aus jener der Physiker betrachten und jeweils zurecht zu unterschiedlichen Bewertungen kommen. Doch aus den bisherigen Beispielen wird schon klar: Diese Sichtweisen, so interessant oder auch unterhaltsam sie sein mögen, bringen uns keinen Schritt weiter, wenn es wie in unserem spezifischen Fall darum geht, sich nicht zu billig zu verkaufen.

Das schwächste Glied in der Kette

Wie wird denn nun der Wert bestimmt, der Ihren Marktpreis, sprich Ihr Gehalt oder auch Ihr Honorar, bestimmt? Im Grunde ist es nicht ein Wert, sondern es geht dabei um zwei Werte. Einerseits ist es der Wert, den Sie sich selbst zugestehen – Ihr Selbstwert – und andererseits der Wert, den relevante andere – Ihre Kunden oder Arbeitgeber in unserem Fall – Ihnen beimessen, Ihr Fremdwert oder auch Marktwert.

Und wenn Sie sich nun fragen, welcher der beiden der Entscheidende ist, dann lautet die Antwort: der jeweils Niedrigere. Natürlich wäre es besser für uns, wenn es der jeweils Höhere wäre. Die Praxis zeigt allerdings, dass Sie sich für sehr wertvoll halten können und sich das dennoch nicht in Ihrem Einkommen zeigen wird, solange dies Ihre Kunden oder Ihr Arbeitgeber nicht ebenso sehen. Andererseits beeinflussen Sie die Wertvorstellung der anderen zu Ihren Ungunsten, wenn Sie selbst Ihren Wert als gering einschätzen.

The unconscious will only allow us to have
what we believe we deserve.
Dr. David Hawkins

Natürlich hat diese Betrachtungsweise mehr mit Psychologie als mit Mathematik oder Betriebswirtschaftslehre zu tun. Die Verhaltenspsychologie hat in sehr vielen unglaublich spannenden und mindestens ebenso erschreckenden Versuchen bewiesen, dass es den Homo Oeconomicus (den rein nach ökonomischen Regeln entscheidenden Menschen) nicht gibt. Dafür hätten wir genau genommen die Wissenschaft auch nicht benötigt, wenn wir einen Blick auf unsere Konsumentscheidungen werfen (ich sage nur „Tankstelle“ oder „Iced White Chocolate Mocha“). Daher können wir davon ausgehen, dass wir es im Großen und Ganzen nicht schaffen, uns über unserem Selbstwert oder über dem Wert, den wir in den Augen der relevanten anderen haben, zu verkaufen.

In diesem Kapitel wenden wir uns vor allem dem Selbstwert zu, der insofern der entscheidendere ist, als er zwischen unseren eigenen Ohren entsteht. Dazu sei allerdings noch gesagt, dass sich die beiden Werte gegenseitig beeinflussen. Ein niedrigerer Selbstwert wirkt sich dämpfend auf den Wert in der Außenwelt aus und ein niedriger Wert in den Köpfen anderer hat ebenso eine wenig beflügelnde Wirkung auf den Wert, den wir uns selbst beimessen.

Wenn ich behaupte, dass der Selbstwert der entscheidendere von beiden ist, dann hat das damit zu tun, dass ich die Hoffnung nicht aufgegeben habe, dass wir auf diesen direkten und stärkeren Einfluss haben als auf das, was in den Köpfen anderer Menschen so geschieht.

Selbstwert = Marktwert

Ich habe (was man diesem Buch vermutlich anmerkt) durchaus eine gewisse Nähe zur Mathematik, zu Zahlen und Formeln. Daher stelle ich auch gleich eine Formel von grundlegender Bedeutung in den Raum:

Selbstwert = Marktwert

Dies soll keinen Widerspruch dazu darstellen, dass ich gerade noch eingeräumt habe, dass es zwischen dem Selbst- und dem Marktwert bzw. dem Wert meines Selbst in den Köpfen anderer eine Differenz geben kann. Die Formel wirft vielmehr einen Blick in die Zukunft, denn die Wirkung des Selbstwertes – nach oben wie nach unten – auf andere und damit auf den Marktwert ist so stark, dass sich die beiden Werte tendenziell angleichen. Dieses Angleichen ist ein ständiger Prozess und braucht seine Zeit. Aber es gelingt uns in Sachen Einkommen nicht, langfristig mehr zu bekommen, als wir uns selbst wert sind.

Wir können uns das an zwei Beispielen verdeutlichen. Nehmen wir zunächst Cornelia: Sie ist Buchhalterin und leistet für ihren Arbeitgeber exzellente Arbeit. Sie hält sich für zufriedenstellend bezahlt, zumindest so, dass sie sich nicht trauen würde, nach mehr Gehalt zu fragen. Ihr Vorgesetzter weiß, was er an Cornelia hat. Sie macht exzellente Arbeit, ist sehr umgänglich und fügt sich reibungslos ins Team ein. Deshalb hat sie auch immer wieder Gehaltserhöhungen bekommen, manchmal auch etwas mehr, als gemäß den Regeln und Bestimmungen nötig gewesen wäre. Gleichzeitig ist es ihm bewusst, dass er für eine vergleichbar gute Kraft, wenn die Stelle neu besetzt werden müsste, auch bereit wäre, nein sogar bereit sein müsste, deutlich mehr zu bezahlen. Doch Cornelia scheint zufrieden zu sein und daher ist er es auch.

Nehmen wir nun Laura, die als freiberufliche Grafikdesignerin tätig ist und seit Kurzem mit einem Coach an der Entwicklung ihres Unternehmens arbeitet. Ein wichtiger Teil dieser Arbeit ist es, den Stundensatz deutlich zu erhöhen oder, besser noch, ganz von der Verrechnung von Stunden wegzukommen. Gemäß ihrem Coach ist es viel profitabler, Leistungspakete statt einzelner Stunden zu verkaufen. Daher hat sie bei den letzten paar Kunden schon mal 150 € statt 100 € verlangt und zweimal bereits Gesamtpakete für Kundenprojekte angeboten (bei denen sie für sich mit 150 € pro Stunde kalkuliert hatte). Bisher ohne Erfolg. Die Kunden fanden es zu teuer und manche sagten das auch. Anderen war es anzumerken, dass sie mit dem Preis ein Problem hatten und vermutlich noch weitere Angebote zum Vergleich einholen würden. Dabei würden sie – da ist sich Laura sicher – auch billigere erhalten, die zumindest aus Sicht des Kunden gleichwertig sind. Wohl oder übel würde sie zumindest in manchen Fällen deutlich nachgeben müssen, um nicht ganz ohne Aufträge dazustehen. Das wäre schließlich noch unprofitabler, als Aufträge zum alten Honorar durchzuführen.

Bei Cornelia, unserer Buchhalterin, liegt der Selbstwert offenbar unter dem Wert, den sie aus Sicht ihres Vorgesetzten hat, und bestimmt so ihr Gehalt. Wenn sie es darauf angelegt hätte, könnte sie mehr verdienen. Hat sie aber nicht, weil sie sich nicht für wertvoller hält. Sie verkauft sich zwar unter dem Markt-, aber nicht unter ihrem Selbstwert.

Bei Laura verhält es sich genau andersherum. Ihr Selbstwert ist – vielleicht durch die Unterstützung ihres Coaches – gestiegen und hat die 100-€-Grenze ihres bisherigen Stundensatzes überschritten. Doch das bringt ihr (noch) nicht viel, solange der Wert, den sie aus Sicht des Kunden hat, sich nicht auf zumindest dieselbe Höhe entwickelt.

Wenn es eine Lücke zwischen dem Selbstwert und dem Markt- oder Fremdwert gibt, dann ist diese meist nur temporär. Sie hat die Tendenz, sich zu schließen. Wenn es Laura zum Beispiel schafft, ihren Selbstwert trotz abweichender Wertansichten und ganz konkreter Preiseinwände ihrer Kunden hochzuhalten, wird sie vermutlich Wege finden, den Markt Schritt für Schritt davon zu überzeugen, ihr deutlich mehr als bisher zu bezahlen. Das mag eine Weile dauern, aber es wird geschehen. Wenn sie das nicht schafft und sie sich vom rauen

Gegenwind entmutigen lässt, wird das ihren Selbstwert wieder auf ein Maß (sprich einen Stundensatz) drücken, der mit der Sicht ihrer Kunden kompatibel ist.

Cornelia könnte natürlich von jemandem den Floh ins Ohr gesetzt bekommen, dass sie für ihre Leistung eigentlich mehr verdienen müsste. Wo sie bisher zufrieden war, ist sie es dann vielleicht nicht mehr und sammelt Argumente für eine Gehaltserhöhung, auf deren Grundlage sie dann mit ihrem Chef ein Gespräch führt – mit dem Ergebnis einer ordentlichen Gehaltserhöhung. Oder aber sie macht einfach nur weiterhin ihren Job, zuverlässig und gut wie immer. Dann könnte es auch passieren, dass ihr Vorgesetzter im Laufe der Zeit seine Einschätzung revidiert. Nicht überlegt und vorsätzlich, sondern unbewusst und schleichend. Irgendwann gelangt er vielleicht zu der Sichtweise, dass Cornelia für das, was sie macht, vernünftig und angemessen bezahlt wird. Die Auswirkung eines niedrigen Selbstwerts auf einen höheren Fremdwert ist bisweilen erstaunlich und auch wiederum rational nicht unbedingt nachvollziehbar.

Ein positiver Aspekt zur oben genannten Formel ist aber, dass sich die Entwicklung der eigenen Persönlichkeit (in eine produktive, positive Richtung wohlgemerkt) dann auch positiv auf den Marktwert auswirkt. Das bedeutet, wenn Sie an sich selbst arbeiten und Ihre Persönlichkeit entwickeln (wie man so schön sagt), dann entwickeln Sie gleichzeitig auch Ihren Marktwert und Ihr Einkommen. Vielleicht fällt Ihnen an dieser Stelle allerdings gleich eine Reihe von Zeitgenossen ein, die ein Vielfaches Ihres Gehalts bekommen und deren Persönlichkeit sich in mancherlei Hinsicht noch in der Pubertät zu befinden scheint. Daher möchte ich einschränken, dass es bei der oben genannten Entwicklung nicht auf alle Teile der Persönlichkeit ankommt, sondern vor allem auf jene, die für den

Selbstwert verantwortlich sind. Es gibt eine Menge sehr reifer Menschen, die unter einem staunenswert niedrigen Selbstwert leiden und mindestens ebenso viele, die meinen, Gott zu sein, obwohl man auch bei genauerer Betrachtung keine Indizien findet, die diese These untermauern würden.

Es geht also bei der Erhöhung des Marktwertes nicht darum, eine rundum reife Persönlichkeit zu werden, wenngleich das im Allgemeinen ein sehr erstrebenswertes Ziel ist. Wenn Schluss sein soll mit dem „sich unter Wert verkaufen", geht es vor allem darum, jemand zu sein, dessen Reifeprozess in Sachen Selbstwert fortgeschritten ist.

Vom ausbaufähigen Selbstwert

Nun ist ein zu geringer Selbstwert ein sehr weit verbreitetes Problem. Viele Menschen kämpfen damit ein Leben lang, ohne dass dieses Match je auch nur knapp ausgehen würde. Das sind oft Menschen, die mit ganz wundervollen und hervorragenden Fähigkeiten ausgestattet sind, Menschen, die sich ein großes Wissen in bestimmten Bereichen angeeignet haben, aber von denen man nie etwas hören oder sehen wird, weil sie sich beständig zu billig bzw. etwas allgemeiner ausgedrückt unter ihrem Wert verkaufen. Schade, sehr schade sogar.

Aber ich will hier keine Hoffnungslosigkeit verbreiten: Man kann den Kampf gewinnen. Ich selbst hatte als Schüler furchtbare Angst, mich in Naturkunde oder Deutsch vor die Klasse zu stellen, um ein Referat zu halten. Auch während meines Studiums an der Wirtschaftsuniversität in Wien hatte ich diese Angst noch nicht wirklich überwunden. Dem zugrunde lag die Befürchtung, dass das, was ich da während meines Referates von mir gab, nicht gut genug sei. Ich kann mich dunkel erinnern, im zweiten Studienabschnitt sogar einmal bei einem

Vortrag kollabiert zu sein, sodass mein Abgang ein anderer als der geplante war.

Heute habe ich zumindest das hinter mir gelassen. Mehr noch: Ich verdiene sogar einen Teil meines Geldes damit, auf großen Bühnen vor hunderten von Menschen zu stehen und gegen gutes Geld Vorträge zu halten, mit denen ich sie zum Nachdenken bringe und im Idealfall begeistere. Kollabiert bin ich dabei seither nicht mehr. Zum Glück, denn sonst müsste ich in meine Vortragsverträge eine Klausel aufnehmen, dass die Bühne gut gepolstert sein sollte.

Und wenn ich meinen Selbstwert ein Stück weiterentwickeln konnte, dann können Sie das auch – da bin ich ganz zuversichtlich. Wie weit? Kommt ganz darauf an. Worauf? Auf eine Reihe von Faktoren, von denen wir einige in diesem Buch behandeln. Wichtig dabei ist allerdings, dass die Entwicklung Ihres Selbstwertes nichts ist, das Sie irgendwann, vielleicht schon in Kürze, geschafft haben werden. Vielmehr ist es etwas, womit Sie niemals wirklich fertig sind. Das Spiel bzw. die Herausforderung bleibt dieselbe, wie ich aus eigener Erfahrung weiß, nur eben dann auf dem nächsthöheren Level.

Das Imposter-Syndrom

Die Tatsache, dass wir uns für zu schlecht, zu unwissend oder zu wenig wertvoll halten, ist also nicht nur etwas, das weitgehend erfolglose (gemessen an den gängigen Maßstäben, die in unserer Gesellschaft für Erfolg herangezogen werden) Menschen betrifft. Sogar Menschen, die von außen betrachtet sehr erfolgreich sind, sind davor nicht gefeit. In dieser Ausprägung hat der Zustand sogar einen eigenen interessanten Namen in der Psychologie: Imposter-Syndrom.

Das Imposter-Syndrom (auch als Hochstapler- oder Betrüger-Syndrom bezeichnet) ist ein psychologischer Zustand, bei dem Menschen, die eigentlich erfolgreich oder sogar sehr erfolgreich sind, das Gefühl haben, dass sie keine Ahnung haben, was sie tun, dass sie im Grunde nur Glück haben und immer kurz davorstehen, dass der Schwindel auffliegt und sie entlarvt werden. Sie haben das Gefühl, sich nur so zu verhalten, als ob sie kompetent wären.

Menschen mit diesem Syndrom, das in extremen Fällen durchaus pathologische Züge annehmen kann, fühlen sich auch, was ihre Karriere und ihr Gehalt bzw. Honorar betrifft, oft wie Betrüger. Sie denken, dass andere ihre Fähigkeiten massiv überschätzen und dass es nur eine Frage der Zeit ist, bis sie dahinterkommen und ihren wahren, deutlich geringeren Wert erkennen.

Und das kann geschehen, doch nicht, weil es sich tatsächlich um einen Betrug handeln würde, sondern weil steter Tropfen den Stein höhlt. Ich denke, es ist gut vorstell- bzw. nachvollziehbar, dass jemand mit diesem Syndrom es im Laufe der Zeit schafft, auch andere davon zu überzeugen, dass sie ihn überschätzen und er so seinen Wert im Außen verringert. Denn auch wenn wir uns bemühen, das eine oder andere nicht zu zeigen, dringt es häufig trotzdem nach außen, weil wir nicht nur einen verschwindend kleinen Teil unserer stimmlichen und körpersprachlichen Reaktionen unter Kontrolle haben.

Sollten Sie nun der Meinung sein, dass Sie möglicherweise auch ein wenig unter diesem Syndrom leiden – es muss ja nicht gleich die pathologische Variante sein –, dann kann ich Sie zumindest so weit trösten, dass Sie in guter Gesellschaft sind.

Es gibt viele berühmte Persönlichkeiten, die öffentlich über ihre Erfahrungen mit dem Imposter-Syndrom gesprochen haben. Hier sind einige Beispiele:

- Emma Watson: Die Schauspielerin und UN-Botschafterin hat in Interviews offen darüber gesprochen, dass sie sich manchmal fühlt, als ob sie nur Glück habe und eigentlich keine Ahnung von dem, was sie tut.
- Serena Williams: Die Tennislegende hat in Interviews zugegeben, dass sie sich manchmal fühlt, als ob sie nur durch Glück gewonnen hat und dass sie befürchtet, dass andere sie als Betrügerin betrachten könnten.
- Tom Hanks: Der Oscar-Preisträger hat in Interviews erklärt, dass er manchmal das Gefühl hat, dass er sich durchmogelt und dass er Angst hat, dass seine Fähigkeiten nicht ausreichen, um den Anforderungen seiner Arbeit gerecht zu werden.
- Michelle Obama: Die ehemalige First Lady der USA hat in ihrem Buch „Becoming" darüber geschrieben, dass sie sich oft wie eine Betrügerin fühlte und dass sie manchmal befürchtete, dass ihre Arbeit nicht gut genug sei.
- Maya Angelou: Die verstorbene Schriftstellerin hat in ihren Interviews erklärt, sie fühle sich manchmal als Betrügerin und befürchte, dass ihre Arbeit von anderen als minderwertig angesehen werden könnte.

Und last but not least wird Vincent van Gogh der Ausspruch zugeschrieben:

Ich mache mir immer wieder Vorwürfe,
dass meine Malerei nicht wert ist, was sie kostet.

Diese ansehnliche Liste zeigt zweierlei: Erstens betrifft diese Sichtweise auf den eigenen Wert auch Menschen, von denen wir es nie für möglich gehalten hätten, und zweitens kann man es dennoch zu Ruhm, Ansehen und viel Geld bringen. Widerspricht das nicht dem, was ich zuvor geschrieben habe: Selbstwert = Marktwert?

Tut es nicht, weil man bei dieser Liste eines nicht übersehen darf: All diese Berühmtheiten haben sehr wahrscheinlich einen Selbstwert, der weit über dem des Durchschnittsbürgers liegt. Sie halten sich nur im Verhältnis zu dem, was ihnen an Wertschätzung auch in Form von Geld zufließt, für nicht wertvoll genug – nicht wertvoll genug auf einem höheren Level. Es zeigt sich wieder: Vieles, vielleicht sogar alles, ist relativ.

Wenn Sie selbst das Produkt sind, wird es schwieriger

Noch einen Gedanken möchte ich hinzufügen, der insbesondere selbstständige Dienstleister betrifft. In diesem Sonderfall ist nämlich der Dienstleister gleichzeitig sein eigenes Produkt. Was meine ich damit? Ein Fotograf verkauft nicht einfach nur Fotos wie ein Autoverkäufer Autos verkauft, sondern hat sein Produkt selbst erstellt, die Leistung selbst erbracht. Damit ist die Verbindung mit dem Ergebnis seines Tuns eine sehr viel stärkere. Daher ist es auch nachvollziehbar, dass sich der Selbstwert des Dienstleisters, des Erstellers, auf den Wert der Leistung oder des Produktes überträgt.

Anders gesagt kann ein Autoverkäufer, der mit wenig Selbstwert ausgestattet ist, immer noch überzeugt sein, dass die Produkte, die er verkauft, unglaublich wertvoll sind und diese dementsprechend selbstbewusst an den Mann oder die Frau bringen. Ein Berater, Grafiker oder Therapeut, der seinen eigenen Wert eher geringschätzt, wird sich sehr schwertun, das Ergebnis seines Tuns als wertvoll zu betrachten. Demzufolge wird er für seine Leistung tendenziell zu wenig verlangen und was das Honorar betrifft, Potenzial ungenutzt lassen. Für angestellte Dienstleister trifft das ebenso zu, wenngleich, wie vorhin schon erwähnt, die Unterschiede in den Gehältern üblicherweise nicht so groß sein werden wie jene bei den Honoraren der Selbstständigen. Dafür sorgen Regeln, Gesetze, Kollektivverträge und Standards. All diese Dinge bilden nach unten hin ein gewisses Sicherheitsnetz, bremsen und blockieren aber gleichzeitig nach oben.

Nun könnte doch auch so jemand – niedriger Selbstwert hin oder her – einen Preis für seine Leistung oder deren Ergebnis verlangen, der deutlich über seinem Selbstwert liegt. Theoretisch möglich, praktisch schwer umsetzbar und wenn, dann ist es sehr schwierig, das langfristig durchzuhalten. Der geringe Selbstwert wird nach außen dringen. Selbst wenn wir uns dessen bewusst sind und uns bemühen, es nicht zu zeigen: Er findet immer einen Weg, sich bemerkbar zu machen. Oft sind es kleine Dinge – Worte, Verhaltensweisen und Signale –, mit denen er sich bemerkbar macht und das Bild, das nach außen entsteht, zurechtrückt.

Wenn wir mehr verlangen, als wir uns selbst zugestehen, wert zu sein, beginnen wir unruhig zu werden, wir ringen nach Worten, beginnen verstärkt zu schwitzen und vermeiden den Blickkontakt zu unserem Gegenüber. Wir verwenden in solchen Situationen sogenannte Weichmacher. Das sind Wörter wie „möglicherweise“ oder „eigentlich“. Auch Konjunktivformen wie „könnte, wäre, würde, sollte …“ gehen uns dann leicht von den Lippen und schwächen – wie die Weichmacher – das ab, was wir verlangen. Hier ist der Spruch „Wie soll ich wissen, was ich denke, bevor ich höre, was ich sage?“ mehr als zutreffend. Das alles unter Kontrolle zu haben und zu unterbinden, ist ganz und gar nicht einfach. Es bräuchte dafür sehr viel Übung. Das Interessante dabei ist: Wenn wir die Zeit für die Übung investieren würden, bräuchten wir diese Kontrolle gar nicht mehr, weil das Problem in der ursprünglichen Form nicht mehr bestünde.

Die aufschlussreichen Kleinigkeiten

Wir wissen selbst nicht so genau, wie viel wir wert sind. Immer wieder bin ich mit Klienten konfrontiert, die eine Antwort auf die Frage „Wie viel soll ich bloß verlangen?“ finden wollen. Lassen Sie uns daher tiefer in die Analyse einsteigen, um in diesem Punkt ein wenig mehr Selbsterkenntnis zu erlangen.

Wie bereits erwähnt, sagen Taten und Verhaltensweisen über einen Menschen sehr viel mehr aus als seine Worte. Aus ihnen lassen sich deutlich zuverlässiger Rückschlüsse auf sein Denken ziehen. Das gilt für uns selbst ebenso. Wir können also aufschlussreiche Einsichten in unser geistiges Innenleben erhalten, indem wir unsere eigenen Handlungen, unser eigenes Verhalten analysieren. Für das Thema dieses Buches sind das alle Situationen, in denen wir Geld ausgeben, sparen oder auch einnehmen.

Dabei geht es mir gar nicht so sehr um die Situationen, in denen sich Annette oder Paul gleich zu Beginn des Buches befanden. Diese sind zwar wichtig, bleiben allerdings ohnehin niemals unbemerkt von uns selbst, sondern beschäftigen uns oft noch tage- oder schlimmer noch nächtelang.

Stattdessen gibt es eine Menge kleiner und kleinster Indizien im Alltag, die, wenn wir sie wahrnehmen, uns zeigen, wie wir tatsächlich ticken und wie es um unseren Selbstwert bestellt ist. Ich nenne gleich ein paar Beispiele, aber Achtung: Das alles sind Indizien. Aus einem Indiz unmittelbar auf den

Selbstwert schließen zu wollen ist genauso unzulässig wie bei der ersten Schwalbe schon zu sagen, dass der Sommer nun hier wäre. Je mehr dieser Indizien allerdings zutreffen, desto eher ist es zulässig, daraus Rückschlüsse auf den Selbstwert insgesamt zu ziehen.

Vor Kurzem war ich mit einer ehemaligen Schulkollegin essen. Da ich um ihren schwach ausgeprägten Selbstwert und ihre daraus resultierende angespannte finanzielle Situation weiß, habe ich in einem stylishen Lokal mit sehr guter Küche, aber gemäßigten Preisen einen Tisch reserviert. Trotzdem war ihr schon beim Betreten des Lokals anzumerken, dass sie sich unwohl fühlte. Noch bevor sie einen Blick in die Speisekarte werfen konnte, überforderte allein das Ambiente in diesem Restaurant ihr Selbstwertgefühl bereits deutlich. Es wirkte zu hochklassig für sie, wie ein Lokal, das jemand wie sie nicht „verdiente". Die Tatsache, dass das Essen recht bodenständig, sehr gut und der Preis auch für sie absolut bezahlbar waren, änderte nichts daran, dass sie von sich aus vermutlich nie mehr einen Fuß in dieses Restaurant setzen würde.

Wie fühlen Sie sich in einem Ambiente, in dem Geld, Fülle und Luxus allgegenwärtig sind? Das könnte zum Beispiel ein Luxushotel oder auch ein Spitzenrestaurant sein, wo man für ein Abendessen zu zweit schon mal 200 € oder auch deutlich mehr ausgibt. Jetzt könnten Sie natürlich antworten: „Schlecht, wenn ich es selbst bezahlen muss. Denn bei meinem Verdienst sind 200 € oder 300 € für ein Abendessen extrem viel Geld." Okay, verständlich, ich lasse das an dieser Stelle (aber nicht für alle Ewigkeit!) so stehen und gelten. Was aber, wenn Sie es nicht selbst bezahlen müssen, sondern eingeladen werden? Die Vernunft würde natürlich sagen: „Na super, immer her damit!" Doch wie bereits mehrmals vor Augen geführt, hat die Vernunft oft nicht so viel mitzureden, geschweige denn zu entscheiden. Was sagt Ihre Emotion, Ihr Bauchgefühl, Vernunft hin oder her?

Bei Fragen wie dieser möchte ich Sie wieder an die Ehrlichkeit gegenüber sich selbst erinnern. Sich zu belügen und etwas vorzumachen, bringt nur dann etwas, wenn Sie das mit Strategie, Plan und Vorsatz tun – an dieser Stelle nicht. Wenn Sie also in sich hineinhören oder noch besser -spüren, dann könnte es gut sein, dass sich da Persönlichkeitsteile zu Wort melden oder sich auf andere Art und Weise bemerkbar machen, die sich bei dieser Vorstellung ganz und gar nicht wohlfühlen. Auch dann nicht, wenn Sie, wie gesagt, eingeladen sind und Sie das ganze Abendessen keinen Cent kostet. Wenn dem so ist, dann können Sie sich insofern entspannen, als Sie damit in zahlreicher und teilweise sehr guter Gesellschaft sind.

Es ist der Selbstwert, der sich da zu Wort meldet, weil er meint, dass Sie es eigentlich nicht wert sind, in solch noblem Ambiente zu speisen. Und glauben Sie mir: Ich selbst kenne nicht nur meine vorhin erwähnte Schulkollegin, sondern noch einige weitere Menschen, die „Zustände" bekommen und sich hochgradig unwohl und unsicher fühlen, wenn man sie solchen Situationen aussetzt. Sie würden hundertmal lieber den Döner für 5,90 € am Kebab-Stand essen, als diese Seelenqualen zu durchleiden.

Bestsellerautorin und Coach Stephanie Raiser schreibt in ihrem Buch „Millionärin von nebenan", dass sie zu Beginn ihrer Selbstständigkeit derlei Qualen durchlitt, als sie an einem Seminar teilnahm, das in einem 5-Sterne-Hotel stattfand. Inzwischen hat sie das – vermute ich aufgrund des Buchtitels – überwunden.

Die Körperhaltung sowie das Äußere generell sagen auch viel über den Selbstwert einer Person aus. Wir erkennen Menschen mit ausgeprägtem, hohem (manchmal auch übersteigertem) Selbstwertgefühl daran, wie sie sich kleiden, wie sie stehen, wie sie gehen, wie sie sitzen. Wenn sich jemand für wertvoll hält, wird diese Person guten Gewissens mehr Raum für sich beanspruchen. Jemand mit geringerem Selbstwert tendiert hingegen zum Gegenteil.

Der Körper lügt nie. Er sagt immer die Wahrheit.
Martha Graham

Es gibt eine für die Zwecke dieses Buches sehr aufschlussreiche. In dieser wurden erfolgreiche und weniger erfolgreiche Menschen gleichzeitig in einen Raum gebeten und ersucht, dort einfach herumzugehen. Eine Beobachtergruppe sollte nun die einzelnen Personen, die alle gleich gekleidet waren, zu den beiden Gruppen – erfolgreich und wenig erfolgreich – zuordnen und hat diese Aufgabe mit hoher Treffgenauigkeit gelöst.

Offenbar gibt es also einen auch wissenschaftlich gut untersuchten Zusammenhang zwischen Körpersprache und Selbstwert, was unter uns gesagt für mich nicht weiter erstaunlich ist.

So könnte es nun eine interessante Idee sein, sich selbst in Bezug auf körpersprachliche Muster zu analysieren, um sich in ganz alltäglichen Situationen bei Verhaltensweisen zu ertappen, die auf mehr oder weniger Selbstwert schließen lassen. Wie bereits erwähnt, hat so ein einzelner körpersprachlicher Hinweis für sich keinerlei Aussagekraft. Wenn sich die Indizien häufen, könnte man daraus allerdings Rückschlüsse ziehen.

Wie sitzen Sie? Nehmen Sie die ganze Fläche des Stuhls ein oder beanspruchen Sie nur den vorderen Bereich? Wo setzen Sie sich hin, wenn Sie die Wahl haben? Dorthin, wo Sie jeder sieht, dort, wo es „gefährlich“ sein könnte? In Seminaren mit einer größeren Teilnehmeranzahl oder auch im Rahmen von Vorträgen zum Beispiel sind die vorderen Plätze oft insofern „gefährlicher“, als dass jene, die dort sitzen, eher vom Vortragenden angesprochen oder – Gott bewahre – sogar auf die Bühne geholt werden könnten, um dort der allgemeinen Sichtbarkeit ausgesetzt zu werden. Wo und wie setzen Sie sich in öffentlichen Verkehrsmitteln hin? Ganz in Manspreading-Manier, gleich mindestens zwei Sitzplätze beanspruchend?

Wie gehen Sie? Zügig, mit kräftigen Schritten? Langsam, zögerlich? Und vielleicht noch spannender: Wo gehen Sie? Drücken Sie sich am Rand des Gehsteiges entlang, um andere nicht zu behindern, oder gehen Sie in der Mitte? Schließlich sind Sie dort gut sichtbar und die anderen können Ihnen ja ausweichen, wenn sie Ihnen entgegenkommen.

Der Händedruck ist auch etwas, das Sie sich kurz ansehen könnten. Haben Sie einen eher kräftigen Händedruck? Manchmal bekommt man eine Hand in die eigene gelegt, die einem mehr das Gefühl gibt, einen toten Fisch zu halten, als einem lebendigen, atmenden Menschen die Hand zu geben.

Schaffen Sie es, anderen in die Augen zu schauen und diesen Blickkontakt auch eine Zeit lang zu halten? Da können zwei oder drei Sekunden bereits eine gefühlte Ewigkeit sein. Und wie ist das mit Menschen, die Sie noch nicht kennen?

All das sind körpersprachliche Signale, die meist keinen Einzelfall, sondern vielmehr grundlegende Verhaltensmuster darstellen. Ich verweise nochmals auf das Zitat von T. Harv Eker: „How you do anything, you do everything.“ Da es bisweilen gar nicht so einfach ist, sich selbst und seine eigenen Muster zu beobachten, ist Hilfe von anderen dabei sehr hilfreich. Wenn Sie vielleicht mal auf Videos in Situationen festgehalten wurden, in denen Sie sich nicht auf Ihre Körpersprache und

Ihre Verhaltensmuster konzentriert haben, weil Sie mit etwas ganz anderem beschäftigt waren, dann kann auch die Analyse solchen Filmmaterials sehr aufschlussreich sein.

Um diese kleine Sammlung von Indizien das eigene Verhalten betreffend abzurunden, könnte man auch noch einen Blick auf das sozusagen „umgekehrte Iced-White-Chocolate Mocha-Syndrom" werfen. Was das ist? Sie erinnern sich, dass wir, nachdem wir beim Tanken durch beinharte Preisvergleiche und vollen Einsatz ein paar Euro gespart haben, diese und noch mehr mal ganz locker flockig zum Beispiel bei Starbucks für ein ganz besonderes Getränk, den Iced White Chocolate Mocha, ausgeben.

Das umgekehrte Syndrom liegt dann vor, wenn wir uns bei kleinsten Kaufentscheidungen, bei denen es oft nur um ein paar wenige Euro geht, über die Maßen quälen, weil wir das, worum es geht, für zu teuer halten. Genau das könnte jemandem auch beim Iced White Chocolate Mocha geschehen. 5,90 € für einen „Kaffee" ist selbst in Zeiten hoher Inflation ganz ordentlich. Und sollten Sie eher Wein- als Kaffeetrinker sein, dann wäre ein Achtel Wein für 7,90 € das entsprechende Beispiel.

Wenn wir uns so verhalten, dann ist das vielleicht auch ein Hinweis darauf, dass wir es uns nicht wert sind, so ein erlesenes Getränk zu kaufen. Die Rechtfertigung, mit der wir das solche Entscheidungen begleitende unangenehme Gefühl rasch vom Tisch wischen, ist auch rasch zur Hand. „Schließlich muss ich für mein Geld ja hart arbeiten!" oder auch „Ich lasse mich hier doch nicht ausnehmen wie eine Weihnachtsgans!" Und ja, ich kann beiden Argumenten etwas abgewinnen – was aber nicht zu hundert Prozent ausschließt, dass sich bei diesen Gelegenheiten nicht doch auch das mangelnde Selbstwertgefühl zu Wort meldet.

Wie viel würden Sie sich selbst bezahlen?

Dem Thema mehr Einkommen in Form von Gehältern oder Honoraren könnte man sich auch noch von einer ganz anderen Seite nähern. Einmal angenommen, Sie würden die Rollen tauschen und wären Ihre Chefin bzw. Ihr Kunde, wie viel würden Sie sich selbst bezahlen? Ich weiß, das ist kein ganz so einfaches Gedankenexperiment, wenngleich es nur eine schlichte, einfache Frage ist. „Wie viel würden Sie sich selbst bezahlen?" Halt. Eine rasche Antwort ist an dieser Stelle weder gewünscht noch gefordert, sondern wäre dem kleinen Experiment und der Qualität der Antwort abträglich.

Denken Sie darüber nach und nehmen Sie sich Zeit, um sich in die Rolle des anderen hineinzuversetzen. Wenn Sie sich wirklich darauf einlassen, könnten Sie feststellen, dass Sie tatsächlich ein Stück weit in diese Rolle schlüpfen und sich bei dem ein oder anderen Gedanken ertappen, der Ihnen zumindest ein wenig anders, ein wenig fremd, ein wenig so, als ob er nicht zu Ihrem sonstigen Gedankengut gehören würde, vorkommt. Solche Gedanken könnten tatsächlich dem Kopf der Person entspringen, in deren Rolle Sie geschlüpft sind.

Es mag hilfreich sein, sich vorzustellen, dass Sie sich selbst (also Ihrem echten Ich) gegenübersitzen und sich also von außen betrachten, während Sie die Frage „Wie viel würden Sie sich selbst bezahlen?" einsinken lassen. Sie werden feststellen, dass es bei der Beantwortung dieser Frage natürlich einiges zu bedenken gibt – Dinge, an die Sie bisher vielleicht noch gar nicht gedacht haben. Kein Wunder, schließlich waren Sie ja auch noch nie in der Rolle Ihres Gegenübers. Sie könnten zum Beispiel über den Nutzen nachdenken, den Sie von Ihrer Leistung (der Ihres wahren Ich's) haben. Es könnten auch Kriterien auftauchen, deren Bedeutung Sie bisher viel zu gering eingeschätzt haben bzw. gedacht hätten, dass sie gänzlich bedeutungslos wären.

Um Ihrem Kunden oder Ihrem Vorgesetzten, der ja wie erwähnt auch Ihr „Kunde" ist (ein Großkunde, ein Key Account sogar – schließlich verkaufen Sie vermutlich Ihre gesamte Arbeitszeit an ihn), etwas zu verkaufen (ein höheres Gehalt oder Honorar), ist es eine der wichtigsten Fähigkeiten, sich in die Gedankenwelt des anderen hineinversetzen zu können. Erst dann können Sie eine ernsthafte und wertvolle Antwort auf die Frage „Wie viel würde ich mir selbst bezahlen?" geben. Doch das Wertvollste bei dieser Art von Übung ist vielleicht gar nicht die Zahl, die Sie sich als Antwort gegeben haben, sondern die Übung selbst und die Fähigkeiten, die Sie damit erworben oder verbessert haben.

Was die Zahl selbst angeht, so kann diese im Vergleich zu dem, was Sie tatsächlich verdienen oder auch im Vergleich zu dem, was Sie verdienen wollen, hoch oder niedrig sein. In jedem Fall lässt sie Rückschlüsse zu. Liegt die Zahl unterhalb Ihres aktuellen Verdienstes, dann können Sie durchaus zufrieden sein, sollten aber danach trachten, mit Ihrem Selbstwert zum tatsächlichen Einkommen aufzuschließen. Liegt das, was Sie verdienen wollen, aber noch nicht verdienen, über dem, was Sie sich selbst zahlen würden, gilt es auch den Wert im Innen zu erhöhen, um Ihr Ziel im Außen zu erreichen. Denn früher oder später haben die beiden Werte, wie gesagt, immer die Tendenz, sich anzugleichen.

Noch eine interessante Ergänzung oder Alternative, um der Antwort auf die Frage, wie viel Sie sich bezahlen würden, näherzukommen, basiert auf einer Methode der Kinesiologie. Die Kinesiologie – eine alternative Heilmethode – arbeitet mit Muskeltests, um Blockaden im Körper und Geist zu identifizieren. Da die Grenzen unseres Selbstwertes letztlich auch nur auf Blockaden beruhen, kann man mit den kinesiologischen Muskeltests auch der Antwort auf unsere Frage auf die Spur kommen. Wenn Sie einen solchen Muskeltest zur Frage Ihres maximalen inneren Wertes durchführen (oder von jemand fachkundigem durchführen lassen), erhalten Sie eine möglicherweise sehr spannende Antwort, die nicht von Ihrem rationalen Verstand, sondern von Ihrem Körper und dem damit vernetzten Unbewussten gegeben wird. Die genaue Beschreibung, wie Sie diesen Selbsttest durchführen, finden Sie im Ressourcenteil zu diesem Buch.

Hören Sie auf, ein Schnäppchen zu sein

Menschen – sehr viele zumindest – lieben Schnäppchen. Ich gestehe, ich auch. Sie auch? Doch so sehr Ihnen und mir die erfolgreiche Schnäppchenjagd auch gefällt: Schnäppchen zu jagen und zu erlegen, ist eine Sache, ein Schnäppchen zu sein, indem man sich unter Wert verkauft, eine ganz andere. Falls sich durch all diese Denkanstöße und Gedankenexperimente der Gedanke, dass Sie sich zu billig verkaufen, verfestigt haben sollte, dann könnten Sie als Gegenreaktion darauf den Vorsatz fassen, kein Schnäppchen mehr sein zu wollen. Das wäre ganz in meinem Sinne.

Die wertvollste Ressource der Welt

Was macht eigentlich jemanden oder etwas wertvoll – für unsere Zwecke wieder im Hinblick auf das liebe Geld? Soweit es Menschen betrifft, könnte man sagen, dass es insbesondere spezielle Fähigkeiten sind, die wirtschaftlich gesehen wertvoll machen. So verdient zum Beispiel ein Pilot deshalb deutlich mehr als derjenige, der den Müll in einem öffentlichen Park aufsammelt, weil das, was der Pilot kann – ein riesiges Flugzeug voller Menschen um die halbe Welt fliegen und dort sicher zu landen – sehr viel spezieller ist, als sich zu bücken und ein Stück Papier aufzuheben. Dabei will ich gar nichts gegen das Müllaufsammeln sagen. Wo wären wir – und das sehr bald –, wenn es niemanden gäbe, der das machen würde. Es ist eben nur deutlich einfacher zu erlernen und auszuführen.

Ein nachvollziehbarer Einwand an dieser Stelle könnte sein, dass es ja nicht nur auf die fachlichen Fähigkeiten ankommen kann. Was für eine kalte Welt wäre das? Gut, einverstanden. Lassen Sie uns die zwischenmenschlichen, die empathischen und die kommunikativen Fähigkeiten miteinbeziehen. Die Regel ist immer noch dieselbe. Der Redner, der einen Saal mit 1000 Menschen mit einer Geschichte zu Tränen rühren kann oder die Führungskraft, die einem ganzen Unternehmen frischen Schwung und neue Energie verleiht, werden auch deutlich mehr verdienen als der, der immer noch im Park den Müll aufsammelt.

Doch spezifische Fähigkeiten sind eigentlich nicht wirklich das, was jemanden wertvoll macht. Wenn jeder Zweite

Pilot wäre, dann würden manche Piloten vielleicht Müll sammeln gehen, um besser zu verdienen. Nicht nur, weil wir gar nicht so viele Piloten brauchen könnten, sondern auch, weil dann das Müllsammeln vielleicht sogar besser bezahlt wäre – wer weiß.

Was spezielle, besondere Fähigkeiten so wertvoll macht, ist die Tatsache, dass sie rar sind. Wertvoll ist das, einfach gesagt, was viele haben wollen, von dem es aber nur wenig gibt. Das trifft auf Fähigkeiten zu, genauso wie auf Rohstoffe, manche Briefmarken, Kunst, Autos, ...

Etwas, an das wir in diesem Zusammenhang nicht oder nicht als Erstes denken, ist etwas, das wir alle besitzen. Wobei besitzen vermutlich eine unpassende Bezeichnung dafür ist. Vielmehr können wir dieses Etwas nutzen, weil es ohnehin da ist – wie wir es nutzen, ist unsere ganz eigene Entscheidung, die wir jeden Moment aufs Neue treffen. Dieses Etwas, von dem ich spreche, ist, Sie haben es vermutlich bereits erraten, die Zeit.

Die Zeit ist kostbarer als alles andere. Nutze sie weise.

Leonardo da Vinci

In Time – so heißt ein amerikanischer Science-Fiction-Thriller, der vor einigen Jahren in den Kinos Furore machte. Der Plot ist überraschend und extrem spannend. In diesem Film verhält sich Zeit, Lebenszeit, um genau zu sein, ganz anders als in unserer Realität. Die Zeit dient als Währung. Man verdient Minuten und Stunden dadurch, dass man arbeiten geht und gibt Zeit aus, indem man konsumiert. Einkäufe werden mit Zeit bezahlt, Strafen für Regelbrüche werden ebenso vom persönlichen Zeitkonto abgezogen, dessen Stand übrigens jederzeit einsehbar ist, da jeder am Unterarm eine Art implantierte

Digitalanzeige trägt. Man kann Zeit auf andere Menschen übertragen, die sie vielleicht gerade dringend benötigen, oder auch Minuten und Stunden zurückerhalten. Und wenn das Zeitkonto abgelaufen ist, stirbt man. Es ist eine harte, oft brutale Zukunftsvision, in die uns dieser Film eintauchen lässt. Doch gleichzeitig ist es ein sehr spannender Blick auf die Zeit, weil sie uns schmerzlich bewusst macht, wie wertvoll sie ist, was wir im echten Leben oft vergessen.

Anders als im Film ist Zeit in unserer Realität das am fairsten verteilte Gut der Welt. Alle, wirklich alle haben genau gleich viel davon. Niemand hat auch nur eine Sekunde mehr oder weniger – zumindest nicht, solange er noch lebendig ist. Man könnte sagen, wir alle bekommen jeden Tag um null Uhr 24 brandneue, unverbrauchte Stunden zu unserer vollkommen freien Verwendung geschenkt. Das sind 1440 Minuten oder auch 86 400 Sekunden.

Zeit hat einige sehr spezielle Eigenschaften, die sie von allen anderen Ressourcen und Dingen unterscheidet. Wie erwähnt haben wir alle gleich viel davon, doch interessanterweise sind die Ergebnisse der Zeitverwendung so unterschiedlich, wie sie nur sein können.

Eine weitere besondere Eigenschaft der Zeit ist, dass man sie nicht sparen kann und das, obwohl wir ständig davon reden. Doch wenn wir Zeit sparen, dann machen wir einfach nur etwas anderes mit diesem Teil unserer Zeit. Sparen im Sinne von „zur Seite schaffen und dann später verwenden" können wir sie nicht. Mit Geld zum Beispiel geht das gut.

Was mit Geld auch gut funktioniert und dauernd gemacht wird, ist von dem, was man hat, anderen etwas zu geben. Im Tausch gegen ein Produkt zum Beispiel oder auch einfach nur so. Mit unserer Zeit geht das nicht. Natürlich können wir sie gemeinsam mit jemand anderem verbringen, wobei aber dann insgesamt doppelt so viel Zeit verbraucht wird – jeder verbraucht die seine. So gesehen ist Zeit mit jemandem zu verbringen ein sehr wertvolles Geschenk. Abgeben aber können wir an andere keine einzelne Sekunde.

Zeit ist also unglaublich rar und daher wertvoll. Wenn wir uns aber ansehen, wie wir mit ihr häufig umgehen und wofür wir sie verwenden, bezweifle ich ernsthaft, dass wir das im vollen Bewusstsein ihres Wertes tun.

Im vollen Bewusstsein

Wir beschweren uns häufig darüber, dass andere den Wert unserer Zeit nicht zu schätzen wissen, sie uns rauben, stehlen, sie mit Füßen treten. Doch angesichts dessen, wie wir unsere Zeit behandeln, sind die Verfehlungen der anderen entschuldbar. Wie können wir von anderen erwarten, dass sie unsere Zeit mit der entsprechenden Wertschätzung behandeln, wenn wir das selbst nicht tun? Wir zeigen ihnen deutlich, wie wertvoll unsere Zeit ist.

Wir zeigen es ihnen, wenn wir den Umweg zur billigeren Tankstelle machen, um ein paar Euro zu sparen. Wir demonstrieren es ihnen, wenn wir uns stundenlang in den Stau stellen (natürlich nicht absichtlich – aber doch). Wir führen es deutlich vor Augen, wenn wir uns mehr als 4 Stunden durchschnittlich pro Tag (aktuelle Zahlen aus Deutschland) von meist mäßiger Film- oder Serienkost berieseln lassen. Wie können wir da erwarten, dass irgendjemand den wahren Wert unserer Zeit erkennt?

Wenn es um Ihr Einkommen geht, dann beruht dessen Höhe letztlich nur darauf, wie produktiv und wertschöpfend wir unsere Zeit verwenden. Und nein, die Botschaft lautet nicht, noch mehr zu arbeiten und auch noch das letzte

Fitzelchen unserer Zeit, die letzten paar verfügbaren Minuten mit To-dos für den Job zu verbringen. Die wichtigste und grundlegende Botschaft lautet vielmehr: Was immer Sie mit Ihrer Zeit tun, machen Sie es sich bewusst. Ich denke, allein dadurch würde die Verschwendung wertvoller Minuten und Stunden dramatisch abnehmen. Denn wir tun unbewusst dieses und jenes und wundern uns dann, dass schon wieder eine halbe Stunde oder auch ein halber Tag vergangen ist. „Wo ist die Zeit bloß wieder geblieben?", fragen wir uns dann erstaunt, meist ohne darauf eine zufriedenstellende Antwort geben zu können.

Was uns also oft fehlt, ist Kontrolle über die Verwendung unserer Zeit – die aber wäre wünschenswert und auch hilfreich, wenn es um unser Einkommen geht, das schließlich durch den wertschöpfenden Umgang mit unserer Zeit bestimmt wird. Wertschöpfend bedeutet in diesem Kontext, dass das, was wir tun, unserem Arbeitgeber oder unserem Kunden nützt – also meist Geld bringt oder Geld spart. Und je mehr Wert wir schöpfen, desto wertvoller sind wir – auch auf die Gefahr hin, dass diese Sichtweise von manchen als recht kalt und vielleicht sogar ein wenig herzlos eingestuft wird. Ich würde sie eher als klar und nüchtern bezeichnen.

Der Wert von etwas zeigt sich in der Zeit, die wir bereit sind, dafür zu investieren.

Ich habe mir für mein Buch „Die große Macht der Kleinigkeiten" die Mühe gemacht, zu recherchieren, wie viel Zeit wir für welche Tätigkeiten so verwenden. Und ohne die ganze lange Liste aufzählen zu wollen (interessierte Leser finden Sie auf der Ressourcenseite zu diesem Buch), kann ich sagen: Es ist erschreckend viel Zeit für nicht gewinnbringende Beschäftigungen.

Denken Sie doch selbst einmal darüber nach, womit Sie sich so den lieben langen Tag beschäftigen. Nehmen Sie sich die Zeit – und das könnte eine sehr wertvolle Verwendung sein –, Ihren Tag oder auch Ihre Woche in Gedanken durchzugehen und sich Notizen dazu zu machen. Es ist gar nicht nötig, eine stunden- oder gar minutengenaue Analyse zu machen. Ein grober Überblick würde vermutlich schon reichen, um Ihnen ein paar – möglicherweise erschreckende– Einblicke zu gewähren. Sie könnten zum Beispiel auch ganz einfach Ihr Smartphone-Analysetool mitlaufen lassen, das Ihnen minutengenau mitteilt, mit welcher App Sie heute schon wieder sehr viel mehr Zeit verbracht haben, als Sie gedacht hätten. Den Ist-Zustand klarer zu sehen, ist sicher der erste und vermutlich der wichtigste Schritt in die Richtung einer Verbesserung.

Wie viel ist Ihre Zeit wert?

Wir haben uns im Verlauf der bisherigen Kapitel schon mehrmals an eine Definition bzw. auch eine Messung unseres Wertes herangewagt. Jetzt folgt ein neuer Anlauf, von dem ich Ihnen versprechen kann, dass dieser sehr konkrete Ergebnisse liefern wird – sogar welche in Euro. Wir werden den Wert Ihrer Zeit für Ihren Arbeitgeber bzw. Ihren Kunden ganz einfach ausrechnen.

Starten wir mit dem Beispiel eines Angestellten, nennen wir ihn Georg, der wie sehr viele andere auch seine 40 Stunden pro Woche (die eine oder andere Überstunde mit eingerechnet) arbeitet. Und lassen Sie uns weiter annehmen, dass er dafür 4000 € brutto pro Monat oder 48 000 € pro Jahr verdient. Diese Zahlen sind ungefähre Werte und werden je nachdem, in welchem Land sich Georg befindet, etwas anders aussehen. Sie können diese Überlegungen natürlich auch gerne mit Ihren eigenen Zahlen anstellen. Georg arbeitet 1600 Stunden pro Jahr – er konsumiert natürlich seinen Urlaub und ist ab und an im Krankenstand. Seinen Arbeitgeber kostet er ca. 34 € pro Arbeitsstunde. Das bedeutet, ganz betriebswirtschaftlich nüchtern betrachtet, dass Georg mit dem, was er leistet, mehr als 34 € pro Stunde an Deckungsbeitrag erwirtschaften sollte. Tut er das nicht, dann ist sein Einsatz schlicht ein Verlustgeschäft für seinen Arbeitgeber. Soweit die einfach zu berechnenden Zahlen.

Nur, wer den Wert der Zeit kennt,
kann sie auch zu nutzen wissen.
Johann Wolfgang von Goethe

Doch welchen Deckungsbeitrag Georg für seinen Arbeitgeber tatsächlich erwirtschaftet, ist schon deutlich schwerer zu berechnen – in vielen Fällen, so fürchte ich, auch gar nicht. Wenn wir nun annehmen, dass Georg im Verkauf tätig ist, im Außendienst zum Beispiel Kunden akquiriert und Geschäfte an Land zieht, dann ist diese Berechnung noch eine halbwegs machbare. Man könnte den von Georg erwirtschafteten jährlichen Deckungsbeitrag den gesamten jährlichen Kosten gegenüberstellen und daraus unmittelbar darauf schließen, wie profitabel oder wertvoll er für das Unternehmen ist.

Nehmen wir einmal an, Georg erzielt mit dem Verkauf von Stalleinrichtungen für Schweine- und Rinderställe einen jährlichen Umsatz von 1 Million €, von dem ein Rohertrag in der Höhe von 200 000 € übrig bleibt pro Arbeitsstunde, wäre das ein Rohertrag von 125 € – er wäre somit sehr wertvoll für sein Unternehmen, wenn man die Differenz zwischen diesem Betrag und seinem Einkommen als Kriterium heranzieht.

Das ist nun wiederum die Grundlage für ein paar interessante Überlegungen. Mit diesen Zahlen könnte Georg natürlich an die Verkaufsleiterin herantreten und durchaus nachvollziehbar mehr Gehalt oder einen zusätzlichen Bonus verlangen. Schließlich rechnet es sich für sein Unternehmen selbst dann noch, wenn er etwas mehr verdient.

Wenn sie diese Zahlen kennt, könnte aber auch die Chefin Rückschlüsse ziehen – zum Beispiel darüber, mit welchen Aufgaben sie Georg betraut. So muss Georg, der Monteur war, bevor er in den Verkauf gewechselt ist, zum Beispiel auch immer wieder mal in der Montage einspringen, wenn Not am Manne ist. Georg kann das natürlich immer noch sehr gut und macht es auch ganz gerne, daher setzt er sich nicht gegen solche Einsätze zur Wehr. Doch ein Blick auf die Zahlen verrät, dass Georg im Verkauf sehr viel mehr wert ist als in der Montage. Ein zuverlässiger Monteur ist zwar auch nicht leicht, aber doch günstiger zu bekommen als ein erfolgreicher Verkäufer. Und mit jeder Stunde, die Georg in der Montage verbringt, verzichtet die Verkaufsleiterin und somit auch das Unternehmen auf 125 € Rohertrag.

Wenn Sie jetzt meinen, das wäre eine viel zu sehr vereinfachte Milchmädchenrechnung, dann stimme ich Ihnen zu. Doch fürs Erste reicht sie, denke ich, aus, weil sie die Grundideen verdeutlicht.

Dabei ist der Fall von Georg noch ein relativ harmloser. Erstens kenne ich Verkäufer, die ein Vielfaches von Georg an Rohertrag für ihren Arbeitgeber erwirtschaften und zweitens wird in Unkenntnis dieser Milchmädchenrechnung in Unternehmen unglaublich viel Schindluder mit der Zeit von wertvollen Mitarbeitern getrieben. Teilweise von den Mitarbeitern selbst, teilweise von ihren Vorgesetzten und teilweise auch von

Regeln und Systemen innerhalb des Unternehmens, durch die beide eingeschränkt sind.

Ich erlebe zum Beispiel immer wieder, dass im Autohandel Verkäufer schnell mal ein Gebrauchtfahrzeug waschen oder auch die Ab- oder Anmeldung eines Vorführfahrzeuges übernehmen sollen. Beides Tätigkeiten, die dem Lehrling im ersten Lehrjahr durchaus auch zuzutrauen wären. Und wenn eine erfahrene Verkäuferin in derselben Zeit nicht mehr Wert für das Unternehmen schaffen kann, dann ist sie ohnehin falsch in diesem Job.

Ich bin felsenfest davon überzeugt, dass wir alle Tätigkeiten ausführen, die wir im Sinne einer optimalen Wertschöpfung nicht machen sollten. Nochmals möchte ich betonen, dass es nicht darum geht, gewisse Aufgaben als minderwertig zu klassifizieren, sondern darum, das eigene Potenzial möglichst wertschöpfend zu nutzen. Das wird uns niemals zu 100 % gelingen, doch je besser wir es schaffen, desto wertvoller werden wir.

Noch ein konkretes Beispiel aus meiner Beratungspraxis. Bei einem Meeting mit einem Kunden in einer Druckerei ging es um die Akquise neuer Kunden. Dazu braucht man unter anderem gut recherchiertes und vorqualifiziertes Adressmaterial. Kurz wurde die Frage diskutiert, ob ein spezieller Verkaufsmitarbeiter, der mehrere tausend Euro Rohertrag pro Tag erwirtschaftet, diese Aufgabe übernehmen sollte. Meine Antwort: „Wenn ich einen Mitarbeiter hätte, der so viel Deckungsbeitrag erwirtschaftet, dann dürfte der genau eine Sache machen: mit Kunden sprechen. Ich würde ihm Kaffee bringen lassen und zur Toilette dürfte er natürlich gehen – aber nur, wenn es unbedingt sein müsste, und vielleicht könnte man seinen Arbeitsplatz auch etwas näher an die Toilette verlegen, um die Wege zu verkürzen." Natürlich war diese Aussage übertrieben (ein klein wenig zumindest), um zu verdeutlichen, was ich damit sagen wollte: Adressrecherche kann man deutlich billiger machen lassen als von einem Top-Verkäufer für ein paar tausend Euro pro Tag.

Man könnte bei der Betrachtung der Wertschöpfung auch noch einen anderen Wert einfließen lassen: den Ziel-Wert. Der ist insofern einfacher zu definieren, da wir ihn nicht berechnen müssen, sondern im Prinzip frei – innerhalb der Grenzen der praktischen Vernunft und des normalen kaufmännischen Denkens – wählen können. Auch an diesem können wir Tätigkeiten messen. Wenn wir etwa sagen würden, dass Georg 100 € pro Stunde erwirtschaften soll, dann ist es nur logisch, dass er wenig, am besten gar nichts machen sollte, was dieser Anforderung oder diesem Ziel entgegensteht.

Ich selbst stand bei meiner letzten angestellten Tätigkeit vor einer solchen Situation. Ich hatte den Job als Head of Marketing bei einer großen Automobilmarke in Österreich angetreten und eine meiner Erbschaften war ein riesiger Wandschrank voll mit Unterlagen, die mein Vorgänger im Laufe der Jahre angesammelt hatte. Allein beim Gedanken daran, den Schrank auch nur zu öffnen, geschweige denn ihn auszumisten, bekam ich albtraumhafte Zustände. Auch meine Mitarbeiter hatten deutlich Besseres und in unserem Sinne sehr viel Wertvolleres zu tun. Als ich das Unternehmen verließ, hinterließ ich dieses Erbe meinem Nachfolger. Außer vielleicht den ganzen Wandschrank für die Aktenvernichtung freizugeben, war dies das Ökonomischste, was ich hätte tun können – für mich selbst, mein ganzes Team und meinen Arbeitgeber. Was mein Nachfolger damit gemacht hat, entzieht sich meiner Kenntnis. Vielleicht schlummert dieses Erbe immer noch in den heiligen Hallen der Marketingabteilung.

Lauras Probleme mit dem Wert

Doch lassen Sie uns nun noch eine ähnliche, aber doch etwas andere Rechnung und Überlegung für die selbstständigen Leserinnen und Leser anstellen. Das Grundprinzip ist dabei dasselbe, allerdings ergeben sich aufgrund der Tatsache, dass Selbstständige bzw. Unternehmer im Prinzip noch freier entscheiden können, was sie mit ihrer Zeit so anstellen, weitere interessante Facetten. Und gleich vorausgeschickt: Diese Freiheiten machen die Sache nicht einfacher.

Verdeutlichen wir uns das wieder an unserer selbstständigen Grafikdesignerin Laura, die gegenüber ihren Kunden Honorare in Form von Stundensätzen (100 € pro Stunde) verrechnet, wie das in diesen und ähnlichen Tätigkeitsbereichen so üblich ist. Sie kalkuliert ihre Angebote auf Basis dieser Stundensätze und rechnet manchmal einfach die tatsächlich für ein Projekt aufgewendeten Stunden ab, manchmal vereinbart sie auch Pauschalen mit ihren Kunden. Bisweilen verdient sie bei diesen pauschalierten Aufträgen besser als bei der stundengenauen Abrechnung. Immer wieder gibt es aber auch Fälle, bei denen sie nach ihrem Gefühl draufzahlt, weil sie – so ihre nachträgliche Betrachtung – zu knapp kalkuliert und sich zu billig verkauft hat. Sie ärgert sich über den maßlos anspruchsvollen bis nervigen Kunden, aber mehr noch über sich selbst, weil ihr das nicht zum ersten und sicher nicht zum letzten Mal passiert.

Laura hat es im Hinblick auf die Frage „Wie viel bin ich wert?“ oder in ihrem Fall auch „Wie viel soll ich bloß verlangen?“ meines Erachtens noch schwerer als Georg und das aus mehreren Gründen.

Erstens steht Laura immer wieder vor diesem Problem, wenn sie einem (neuen) Kunden ein Angebot macht. Und das ist mental anstrengend. Die Angestellten befinden sich in dieser Situation nur ab und an bei Bewerbungen für einen neuen Job, bei Mitarbeiter- oder gesonderten Gehaltsgesprächen. Natürlich hält niemand und nichts Laura davon ab, sich die Sache leichter zu machen, indem sie eine Preisliste erstellt – für ihre Kunden, aber vor allem auch für sich selbst. Wenn es geschrieben steht, fällt es deutlich leichter, sich daran zu halten – auch wenn man selbst es war, der das geschrieben hat. Wenn es da nicht die 1001 Gründe gäbe, warum es bei diesem speziellen Projekt oder bei diesem besonderen Kunden dann doch anders sein sollte.

Zweitens hat Laura, wie ich schon habe anklingen lassen, deutlich mehr Spielraum, was ihre Preise angeht. Natürlich HÄTTEN den die angestellten Leserinnen und Leser auch, die Selbstständigen HABEN ihn aber tatsächlich. Was meine ich damit? Wenn Laura ihren Stundensatz für ein bestimmtes Angebot auf 200 € erhöht, bedeutet das nicht zwingend, dass der Kunde es nicht trotzdem annimmt. Wenn Georg hingegen eine Gehaltserhöhung von nur 50 % fordert, ist die Wahrscheinlichkeit, diese auch zu erhalten, sehr gering. Das ist auch verständlich und nachvollziehbar, denn schließlich ist ein höheres Gehalt etwas Permanentes, während Laura das doppelte Honorar vielleicht nur in dem einen oder anderen Fall verlangt.

Das ist einerseits toll für Laura, da sie viel mehr Möglichkeiten hat, ihren Preis zu steigern, doch gleichzeitig nimmt auch der Druck zu, diese Möglichkeiten zu nutzen. Die Ausreden dafür, sich unter Wert zu verkaufen, sind bei Angestellten glaubwürdiger und haltbarer als bei Selbstständigen.

Wie viel bin ich wert? Diese Frage könnte natürlich auch Laura beantworten, indem sie zu berechnen versucht, wie viel Kosten sie ihrem Kunden durch ihre Tätigkeit erspart bzw. um wie viel sie dessen Ertrag erhöht. Auch sie steht vor denselben

Schwierigkeiten, die tatsächliche Wertschöpfung bei ihrem Kunden zu berechnen. Lassen Sie uns annehmen, Laura arbeitet 1 Stunde lang an einer speziellen Grafik für einen Instagram-Post ihres Kunden. Dieser geht dann – wozu die Grafik beigetragen hat – viral und bekommt innerhalb weniger Stunden ein paar tausend Likes, hunderte Kommentare und erzielt eine Reichweite von über 500 000. Wie viel würden Sie – wenn Sie Lauras Kunde wären – für so etwas bezahlen? 100 €? 500 €? Mehr? Schwer zu sagen, zumal es genauso gut sein könnte, dass der Post nur eine Handvoll Reaktionen bekommt und die Reichweite gerade mal auf 200 klettert.

Muss ich das wirklich selbst machen?

Laura könnte auch noch eine andere Rechnung anstellen, die sich bei Selbstständigen, vor allem bei all denen, die ihre Zeit verrechnen und so gegen Geld tauschen, anbietet. Laura könnte sich überlegen, wie viel Umsatz sie pro Jahr machen möchte und die ganze Sache von ihrem eigenen Ergebnis her betrachten. Wenn sie zum Beispiel als Solopreneurin (oder auch One-Woman-Show) 100 000 € Umsatz (das Minimum für selbstständige Dienstleister, damit das Ganze auch finanziell Spaß macht und Sinn ergibt) machen will und so wie Georg 1600 Stunden arbeitet, dann müsste sie zumindest 63 € für jede einzelne dieser Stunden verrechnen. Natürlich ist klar, dass es ein Ding der Unmöglichkeit ist, jede Stunde zu verrechnen. Zu viele andere Dinge gibt es zu tun, für die kein Kunde bereit ist zu bezahlen: Buchhaltung, Rechnungen schreiben, Ablage, Webseite überarbeiten, Kundenakquise etc. – diese Liste könnten wir, wie Selbstständige wissen, sehr lange fortsetzen. Wenn Laura nun die Hälfte der Stunden verrechnen kann, dann hieße das, sie müsste mindestens 126 € pro Stunde fakturieren. Das kleine Rechenbeispiel, das Sie wiederum mit Ihren ganz eigenen Zahlen durchrechnen können, macht rasch deutlich: 100 000 € Umsatz schafft Laura mit einem Stundensatz von 100 € unter diesen Rahmenbedingungen nicht.

Ich stelle immer wieder fest, dass die Umsatzziele und die Stundensätze vieler Selbstständiger – wie bei Laura – nicht zusammenpassen.

Laura könnte natürlich die eine oder andere Tätigkeit auslagern an einen – noch zu engagierenden – Mitarbeiter oder externen Dienstleister. Doch das kann sich Laura blöderweise noch nicht leisten, so gut läuft ihr Geschäft schließlich nicht. Und solange das so ist, macht sie lieber alles selbst und spart so Geld. Denkt sie. Gleichzeitig stellt sie so sicher, dass das 100 000-€-Umsatzziel bis auf Weiteres unerreichbar bleibt. Das sagt uns der Taschenrechner.

~~„Ich kann mir keine Mitarbeiter leisten."~~

„Ich kann es mir nicht leisten, alles selbst zu machen."

Was könnte Laura stattdessen schlauerweise machen? Sie könnte zum Beispiel einen Mitarbeiter für nur fünf Stunden pro Woche einstellen. Die Kosten dafür mögen sich auf 20 € pro Stunde belaufen. Das ist selbst für Laura leistbar. Und dann könnte sie damit beginnen, diesem die Tätigkeiten mit der geringsten Wertschöpfung zu übertragen, und diese Zeit – wir sprechen von immerhin 20 und mehr Stunden pro Monat – dafür verwenden, ihre eigene To-do-Liste mit wertvolleren Tätigkeiten zu füllen. Das müssen nicht unbedingt fakturierbare Aufgaben sein. Es gibt gefühlt eine Million Dinge in einem Unternehmen, die wertschöpfender sind als die Belege für den Steuerberater zusammenzustellen oder eine berufliche Reise zu buchen. Sollte es Leser geben, denen es diesbezüglich an Ideen mangelt, dann können mich diese gerne kontaktieren und ich melde mich mit einer Liste von sehr konkreten Ideen zurück. Versprochen.

Laura müsste genau genommen sogar alles delegieren bzw. auslagern, was unter dem von uns beispielhaft errechneten Satz von 126 € pro Stunde liegt und von jemand anderem erledigt werden kann. Dabei gestehe ich Laura sogar zu, dass sie manches davon besser kann als jemand anderes. Doch um „besser" geht es bei vielen dieser Aufgaben nicht, wenn ich beispielhaft an die Belege für den Steuerberater denke. Nicht einmal um gut. Jegliche Art von Qualitätsanspruch oder gar Perfektionismus ist hier nicht nur fehl am Platz, sondern sogar hochgradig kontraproduktiv. Viel lieber erinnere ich an die alte, aber immer noch äußerst gute und zutreffende 80:20-Regel von Vilfredo Pareto.

Wenn Laura, wie viele Selbstständige, der Meinung ist, dass sie sich noch keinen Mitarbeiter leisten könne, so ist bereits der Grundgedanke, der dem innewohnt, falsch. Denn er geht davon aus, dass ein Mitarbeiter Geld kostet. Wenn dem so ist, dann würde ich mich von diesem Mitarbeiter trennen oder seine Tätigkeit umgestalten. Ein Mitarbeiter ist eine Investition. Und wie jede andere Investition auch soll er Geld bringen und sich bezahlt machen. So gesehen ist der umgekehrte Gedanke zutreffend: Jemand wie Laura kann es sich nicht leisten, keinen Mitarbeiter zu haben und alles selbst zu machen. Die meisten tun es dennoch und sind frustriert, dass sie selbst + ständig arbeiten und trotzdem zu wenig verdienen.

„Ok", könnte man nun sagen, „schön für Laura. Aber wo bleiben diesbezüglich Georg und andere Angestellte?" Auch für sie kann dieser Gedanke durchaus als Denkanstoß dienen. Georg zum Beispiel verbringt einen ganzen Tag pro Woche damit, schriftliche Angebote auszuarbeiten, zusammenzustellen und diese an die Kunden zu schicken. Keine unwichtige Tätigkeit. Ohne Angebote keine Umsätze. Doch muss wirklich er das machen? Was meinen Sie: Wo ist Georgs Zeit wertschöpfender eingesetzt? Beim Angebote schreiben oder zum Beispiel beim aktiven Akquirieren neuer Kunden? Was davon kann jemand anderes, der weniger zur Wertschöpfung des Unternehmens beitragen muss, gut genug machen? Was ist die komplexere, die anspruchsvollere Tätigkeit? Die Antwort ist – denke ich – nicht weiter schwierig.

Und Georg? Der könnte an diesem Tag, den er einspart, noch zwei weitere Kundengespräche führen. Das wären etwa 100 zusätzliche Kundengespräche pro Jahr. Da müsste es schon mit dem Teufel zugehen, wenn so ein erfahrener Verkäufer wie er aus diesen Gesprächen nicht deutlich mehr Deckungsbeitrag erwirtschaften kann als eine 8-Stunden-pro-Woche-Kraft, die die schriftlichen Angebote ausarbeitet, kostet.

Und wenn es diesen Mitarbeiter, an den Georg die Angebote abgeben könnte, bei seinem Arbeitgeber nicht gibt und der Chef ohnehin extrem knausrig ist, was zusätzliche Personalkapazitäten angeht? Dann könnte Georg dem Chef das Ergebnis dieser kleinen Rechnung zeigen und so sehr überzeugende Argumente haben, die die Wahrscheinlichkeit, dass Georg so jemanden an die Seite gestellt bekommt – und zwar rasch – deutlich erhöhen. Hier sind wir noch beim etwas Ungewöhnlichen, aber durchaus Denkbaren.

Gut und schön. Der Chef stimmt zu und das Unternehmen profitiert durch mehr Umsatz und höhere Erträge. Doch was hat Georg davon? Schließlich soll sich das ja auch für ihn bezahlt machen. Die Antwort liegt – zumindest im Verkauf – auf der Hand. Mehr Umsatz bedeutet für Georg unmittelbar mehr Einkommen, da er ja neben seinem Fixum auch Provisionen und den ein oder anderen Bonus erhält.

Und was ist mit all den anderen Tätigkeiten? Denen von Handwerkern, Friseuren, Buchhaltern, Reisebüromitarbeitern, all den Arbeitern und Angestellten in Fabriken, LKW-Fahrern, Kellnern und und und? Nein, ich habe hier in diesem Buch keine fertig durchkalkulierte Berechnung für all diese Tätigkeiten und Berufe Aber ich bin mir sicher, dass meine Impulse und Denkanstöße für alle diese Bereiche nützlich sind und dass alle Leserinnen und Leser, die sich ein Buch wie dieses kaufen, ganz sicher dazu in der Lage sind, diese Impulse auf ihre Welt und ihre berufliche Situation zu übertragen.

Delegieren ... geht das?

Zugegeben, solche Gedanken und Ideen sind in kleineren und vor allem unternehmergeführten Betrieben meist leichter umsetzbar. In Konzernen – und ich kenne einige davon sehr gut von innen – kommt man selbst mit den logischsten Argumenten bisweilen nicht sehr weit. Oft geht es dort nämlich (was viele, die nicht in solchen arbeiten, erstaunen wird) gar nicht so sehr um bessere Performance. Persönliche Befindlichkeiten, betriebspolitisches Hickhack oder das Festklammern an unsinnigen, aber gültigen Regeln und Kennzahlen spielen dort oftmals eine viel wichtigere Rolle.

Lassen Sie mich trotzdem noch eine verwegene Variante des Gedankens hinzufügen. Was, wenn der Chef – zum Beispiel jener von Georg – dessen Idee – betriebswirtschaftliche Logik hin oder her – wenig bis nichts abgewinnen kann? „Zusätzliche Mitarbeiter? Kommt nicht infrage. Angebote wurden hier schon immer vom Verkäufer erstellt." Punkt.

Wenn in Georgs Adern nun vielleicht auch etwas unternehmerisches Blut fließt (hatte ich erwähnt, dass sein Großvater mütterlicherseits einen eigenen Betrieb hatte?), könnte er dem Chef folgenden Vorschlag machen. Er könnte die Kosten für die Auslagerung seiner Angebote selbst übernehmen und sich einen Mitarbeiter suchen – ob nun angestellt oder zuverlässiger Freelancer. Warum er das tun sollte? Weil er zum Beispiel im Zuge dessen eine für ihn profitablere Provisionsvereinbarung aushandelt und die zusätzlichen Provisionen die damit verbundenen Kosten deutlich übersteigen. Warum sein Chef darauf einsteigen sollte, wo er doch den anderen, für ihn vermutlich finanziell interessanteren Vorschlag abgelehnt hatte? Jetzt würde Georg schließlich das Geld verdienen, das sein Chef selbst hätte einstreifen können. Was soll ich sagen – Menschen handeln nicht unbedingt logisch, wie bereits an anderen Stellen deutlich wurde.

Das Unmögliche ist oft das Unversuchte.

„Nettes Gedankenspiel, aber praktisch nicht umsetzbar", denken Sie jetzt vielleicht. Dazu kann ich nur sagen: Ich bin selbst Unternehmer und habe Mitarbeiter und würde diesen, wenn sie mir derart kreative Vorschläge machen, zumindest sehr genau zuhören.

Zurück zu Laura. Da ist noch etwas, das sie oder natürlich auch alle anderen, die Pauschalsätze verlangen, tun können. Sie kann ab und an bei einem Kundenprojekt genau mitprotokollieren, wie viel Zeit sie wirklich in dieses steckt. Das Ergebnis ist – aus meiner eigenen Erfahrung – oft erschreckend. Oft läuft deutlich mehr Zeit als vermutet in so ein Projekt. Gleichzeitig ist dieses Ergebnis auch heilsam. Denn wenn Laura aufgrund einer solchen detaillierten Zeiterfassung sieht, dass sie eigentlich nur 70 € pro Stunde verdient, fällt es ihr vermutlich beim nächsten Angebot sehr viel leichter, eine Zahl hinzuschreiben, die ihrem tatsächlichen Aufwand zumindest deutlich näherkommt.

Zeitgeiz als oberstes Gebot

Was ist nun die Schlussfolgerung aus all diesen Überlegungen zur Zeit? Da sie so wertvoll ist, sollten wir sie hüten wie unseren sprichwörtlichen Augapfel.

Und wenn wir wollen, dass andere – unsere Arbeitgeber oder auch Kunden – den Wert unserer Zeit erkennen und bereit sind, das auch (finanziell) zu würdigen, müssen wir das zuerst selbst tun. Sonst senden wir einfach die falschen Signale.

Wir werden uns noch einige andere Dinge ansehen, die unseren Wert steigern, aber nichts davon ist so grundlegend wichtig, so essenziell, so entscheidend wie der Umgang mit unserer Zeit. Je besser wir es schaffen, unsere Zeit mit wertvollen oder besser gesagt wertschöpfenden Tätigkeiten zu füllen, umso höher wird die Belohnung sein, die wir dafür erhalten. Im Grunde liegt das Geheimnis jeglichen Erfolges – von einer Portion Glück abgesehen – immer nur genau in der Antwort auf die Frage: Womit verbringen wir unsere Zeit?

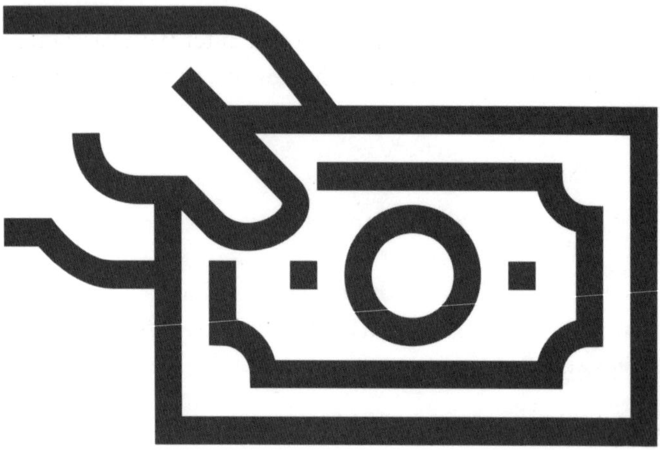

Sie bekommen immer, was Sie wert sind

Ich hatte schon in der Einleitung damit begonnen, die häufige, aber verfehlte Vorstellung, dass man sich unter Wert verkaufe, etwas geradezurücken, und wir hatten uns mit der komplexen Frage nach dem Selbstwert beschäftigt – Sie erinnern sich sicherlich an meine Formel:

Selbstwert = Marktwert

Die Frage, der wir in diesem Kontext noch nicht nachgegangen sind, ist: Wie vermittle ich meinem Kunden oder Arbeitgeber meinen Selbstwert bzw. wie mache ich diesen zu meinem Marktwert?

Die Grenzen des Wertes

Die Grenzen Ihres Wertes werden von zwei Perspektiven aus betrachtet und damit bestimmt – der inneren, dem Selbstbild, und der äußeren, dem Fremdbild. Selbstwert und Marktwert (oder Wert aus Kundensicht) könnte man auch sagen. Und der jeweils niedrigere von beiden bestimmt Ihren Wert. Ein konkretes Beispiel.

Cornelia ist Buchhalterin und leistet für ihren Arbeitgeber exzellente Arbeit. Sie hält sich für zufriedenstellend bezahlt, zumindest so sehr zufriedenstellend, dass sie sich nicht trauen würde, nach mehr Gehalt zu fragen. Ihr Vorgesetzter weiß, was er an Cornelia hat. Sie macht exzellente

Arbeit, ist sehr umgänglich und fügt sich reibungslos ins Team ein. Was will man mehr. Deshalb hat sie auch immer wieder Gehaltserhöhungen bekommen, manchmal auch etwas mehr, als gemäß den Regeln und Bestimmungen nötig gewesen wäre. Gleichzeitig ist es ihm bewusst, dass er für eine vergleichbar gute Kraft, wenn die Stelle neu besetzt werden müsste, auch bereit wäre, nein sogar bereit sein müsste, deutlich mehr zu bezahlen. Doch Cornelia scheint zufrieden zu sein und daher ist er es auch.

Laura, unsere Grafikerin, arbeitet seit Kurzem mit einem Coach an der Entwicklung ihres Unternehmens. Ein wichtiger Teil dieser Arbeit ist es, den Stundensatz deutlich zu erhöhen oder besser noch, ganz von der Verrechnung von Stunden wegzukommen. Gemäß ihrem Coach ist es viel profitabler, Leistungspakete zu verkaufen, anstatt einzelner Stunden. Daher hat sie bei den letzten paar Kunden schon mal 150 € statt 100 € verlangt und zweimal bereits Gesamtpakete für Kundenprojekte angeboten (bei denen sie für sich mit 150 € pro Stunde kalkuliert hatte). Bisher ohne Erfolg. Die Kunden fanden es zu teuer und manche sagten das auch. Anderen war es anzumerken, dass sie mit dem Preis ein Problem hatten und vermutlich noch weitere Angebote zum Vergleich einholen würden. Dabei würden sie – da ist sich Laura sicher – auch billigere erhalten, die zumindest aus Sicht des Kunden im Prinzip dasselbe beinhalten wie ihres. Wohl oder übel würde sie wohl zumindest in manchen Fällen deutlich nachgeben müssen, um nicht ganz ohne Aufträge dazustehen. Das wäre schließlich noch unprofitabler, als Aufträge zum alten Honorar durchzuführen. Als ihr Coach ihr das neue Preissystem vorgeschlagen hatte, hatte das ja alles ganz wunderbar geklungen, aber jetzt, im Praxistest, sah das ganz anders aus. Sie ist ernüchtert und frustriert. Das würde sie mit ihrem Coach wohl in der nächsten Sitzung eingehend besprechen müssen.

Bei Cornelia, unserer Buchhalterin, liegt der Selbstwert offenbar unter dem Wert, den sie aus Sicht ihres Vorgesetzten hat und bestimmt so ihr Gehalt. Wenn sie es darauf angelegt hätte, könnte sie mehr verdienen. Hat sie aber nicht, weil sie sich nicht für wertvoller hält. Sie verkauft sich zwar unter dem Marktwert, aber nicht unter ihrem Selbstwert.

Bei Laura verhält es sich genau andersherum. Ihr Selbstwert ist – vielleicht durch die Unterstützung ihres Coaches – gestiegen und hat die 100-€-Grenze ihres bisherigen Stundensatzes überschritten. Doch das bringt ihr (noch) nicht viel, solange der Wert, den sie aus Sicht des Kunden hat, sich nicht auf zumindest dieselbe Höhe entwickelt.

Ich hoffe, ich konnte anhand dieser beiden Praxisfälle verdeutlichen, was ich meine, wenn ich behaupte, dass wir mittelfristig immer das bekommen, was wir wert sind. Und wie viel das ist, zeigt der Blick auf die Gehaltsabrechnung bzw. die Honorarnote oder den Jahresumsatz. Dort findet sich die beinharte, glasklare Wahrheit in Euro und Cent. Jetzt kann man damit natürlich hadern und es als ungerecht empfinden – vor allem Laura würde das vielleicht tun. Doch was bringt das Hadern? Unter uns gesagt gar nichts, außer – und da wäre es durchaus produktiv – man ändert etwas an der Motivation und Energie. Dann wäre ein wenig Hadern als Ausdruck der Unzufriedenheit mit der aktuellen Situation sogar sehr in Ordnung.

Wenn es eine Lücke zwischen dem Selbstwert und dem Markt- oder Fremdwert gibt, dann ist diese meist von temporärer, vergänglicher Natur. Sie hat die Tendenz, sich zu schließen. Wenn es Laura zum Beispiel schafft, ihren Selbstwert trotz abweichender Wertansichten und ganz konkreter

Preiseinwände ihrer Kunden hochzuhalten, wird sie vermutlich Wege finden, den Markt Schritt für Schritt davon zu überzeugen, ihr deutlich mehr als bisher zu bezahlen. Das mag eine Weile dauern, aber es wird geschehen. Wenn sie das nicht schafft und sie sich vom rauen Gegenwind entmutigen lässt, wird das ihren Selbstwert wieder auf ein Maß (sprich einen Stundensatz) drücken, der mit der Sicht ihrer Kunden kompatibel ist.

Cornelia könnte natürlich mit einer guten Freundin oder ihrem Partner sprechen und dabei den Floh ins Ohr gesetzt bekommen, dass sie für ihre Leistung eigentlich mehr verdienen müsste. Sie beginnt womöglich zu vergleichen, spricht mit anderen, googelt Gehaltsstudien oder bewirbt sich vielleicht sogar auf Stellenanzeigen, um herauszufinden, wie hoch ihr Marktwert tatsächlich ist. Wo sie bisher zufrieden war, ist sie es dann vielleicht nicht mehr. Basierend auf all diesen Informationen sammelt sie genug Mut an, um mit Ihrem Chef ein ernsthaftes Gehaltsgespräch zu führen – mit dem Ergebnis einer ordentlichen Gehaltserhöhung.

Oder aber Cornelia macht all das nicht, sondern macht einfach nur weiterhin ihren Job, zuverlässig und gut wie immer. Dann könnte es auch passieren, dass ihr Vorgesetzter im Laufe der Zeit seine Sicht, was sie angeht, revidiert. Nicht überlegt und vorsätzlich, sondern unbewusst und schleichend. Irgendwann gelangt er vielleicht zu der Sichtweise, dass Cornelia für das, was sie macht, vernünftig und angemessen bezahlt wird. Schließlich hat sie ja auch nie Ambitionen gezeigt, die erkennen hätten lassen, dass sie deutlich wertvoller für das Unternehmen wäre. Die Auswirkung, die ein niedriger Selbstwert auf einen höheren Fremdwert ausüben kann, ist bisweilen erstaunlich und auch wiederum rational nicht unbedingt nachvollziehbar.

Natürlich befinden wir uns mit all diesen Szenarien hier im Bereich der menschlichen Psyche, der Emotionen und Glaubenssätze und da läuft vieles sehr viel anders ab als in der Mathematik, die nach recht klaren und (wenn man sie erst einmal verstanden hat) auch einfachen Regeln funktioniert. Es gibt hier viele Wenn's und auch das eine oder andere Aber. Ganz nach dem Motto „Alles ist möglich, aber nix ist fix" (eine Textstelle aus einem Lied des österreichischen Liedermachers Reinhard Fendrich). Ich will Ihnen damit auch gar nichts beweisen, sondern Sie bloß zum Nachdenken anregen, um daraus Rückschlüsse auf Ihre eigene Situation zu ziehen.

Welche Köder Ihren Fischen schmecken

Diese Frage ist etwas einfacher zu beantworten, weil sie viel mit betriebswirtschaftlichen Ideen und Prinzipien zu tun hat und diese ein Stück weit kalkulierbarer sind als alles, was mit Psychologie zusammenhängt. Allerdings müssen wir etwas ausholen und uns ein wenig mit den menschlichen Bedürfnissen beschäftigen.

Ich vermute, die meisten von Ihnen haben schon einmal vom US-amerikanischen Psychologen Abraham Maslow und seiner Hierarchie der menschlichen Bedürfnisse gehört oder gelesen. Er hat dieses sozialpsychologische Modell in die einfach verständliche Form einer Pyramide gebracht, die bei den physiologischen Grundbedürfnissen wie Essen, Atmen, Schlafen usw. an der Basis beginnt und mit der Selbstverwirklichung an der Spitze ihren Abschluss findet (zumindest in ihrer ursprünglichen Form).

Maslow behauptete nun – und dem kann ich mich durchaus anschließen –, dass wir uns immer erst dann mit der Befriedigung der nächsthöheren Kategorie von Bedürfnissen beschäftigen, wenn die darunterliegenden zumindest so halbwegs befriedigt sind. Oder einfacher anhand eines Beispiels gesagt: Die Entwicklung unserer Persönlichkeit oder selbst die körperlichen Verlockungen des jeweils für uns interessanten Geschlechts sind uns vollkommen egal, solange wir sehr durstig oder hungrig sind. Natürlich ist die Trennung zwischen den einzelnen Ebenen der Maslowschen Pyramide in der gesellschaftlichen Praxis nicht zu 100 % aufrechtzuerhalten. Schließlich handelt es sich hierbei um Sozialpsychologie und nicht um Mathematik. Vermutlich sind die meisten von uns für Avancen möglicher Partner schon wieder ein wenig offen, auch wenn erst der gröbste Hunger gestillt ist.

Mir geht es nun primär um die praktische Anwendung seiner Ideen auf den Wert, den wir in den Augen anderer haben bzw. wie wir diesen steigern können. Ohne diese in eine exakte Hierarchie bringen zu wollen oder zu müssen, haben wir Menschen Bedürfnisse diverser Art. Dabei will ich nicht allzu sehr auf die Grundbedürfnisse eingehen, die hierzulande weitgehend für alle erfüllt sind – Nahrung, Luft zum Atmen, Schlaf usw.

Zu den verbreitetsten und bedeutendsten außerhalb dieser Grundbedürfnisse gehören etwa das Bedürfnis nach Sicherheit, jenes nach Status und Anerkennung sowie das nach persönlicher Weiterentwicklung. Weiterhin könnten wir noch Bedürfnisse im hauptsächlich finanziellen Bereich nennen – jenes nach finanziellem Gewinn oder auch nach Vermeidung von Verlusten. Wenn Sie jetzt meinen, das wäre doch dasselbe, muss ich Ihnen widersprechen: Das Ergebnis von beiden mag dasselbe sein, doch das Bedürfnis dahinter ist ein ganz anderes. Bei allen, die an einem Buch wie diesem interessiert sind, spielt vermutlich das Bedürfnis nach Gewinn eine gewisse Rolle oder auch das Bedürfnis nach Wachstum, das wir unserer

Liste noch hinzufügen. Wer sich aus dem Bedürfnis nach Vermeidung von Verlusten heraus ein Buch kauft, landet viel eher bei einem Titel wie „101 Tipps, um bei alltäglichen Ausgaben Geld zu sparen".

Um unsere Liste noch ein wenig abzurunden, möchte ich noch die Bedürfnisse nach Einfachheit und Problemfreiheit hinzufügen, danach, Zeit zu sparen, das Bedürfnis nach Gesundheit und jenes, der Nachwelt etwas zu hinterlassen und dem – sehr bedeutenden – der Verbindung mit anderen (was weit mehr umfasst als den vergleichsweise banalen Sex). Diese Liste erhebt keinerlei Anspruch auf Vollständigkeit und ebenso keinen auf Überschneidungsfreiheit. So hängen das Bedürfnis nach Anerkennung und jenes nach Wachstum in der erlebten Praxis oft zusammen. Wir brauchen allerdings auch keine komplette Liste, um den Gedanken für unsere Zwecke weiterzuspinnen.

Menschen sind egoistisch – und das ist ok

Es wird Sie vielleicht überraschen, wenn ich behaupte: Menschen sind egoistisch und zwar ausschließlich. Auch dann, wenn sie etwas für andere tun. Denn auch dann machen sie vor allem eines: sie befriedigen ihre eigenen Bedürfnisse, wovon im Einzelfall auch andere profitieren können. Haben Sie schon einmal einem kleinen Kind etwas geschenkt und dann beobachtet, wie das Papier ungeduldig entfernt (oder sagen wir treffender heruntergefetzt) wird, um dann mit Spannung zu hoffen, dass sich ein begeistertes Strahlen auf dem kleinen Gesicht ausbreitet? Ist das nicht herzerwärmend? Hat Ihnen das nicht ein schönes Gefühl beschert und auf das eine oder andere Ihrer Bedürfniskonten eingezahlt? Sie Egoist! Doch wie gesagt, meine ich das gar nicht böse. Vielmehr ist diese Sichtweise entscheidend für unsere weiteren Überlegungen.

Egoismus ist der notwendige Ausgangspunkt für die Entwicklung von Selbstbewusstsein und Selbstachtung.
Nathaniel Branden

Wert entsteht in den Augen anderer nämlich immer nur, wenn Bedürfnisse befriedigt werden. Je wichtiger ein Bedürfnis für jemanden und je schwerer dieses zu befriedigen ist, desto mehr Wert wird seiner Befriedigung beigemessen. Das hatten wir bereits am Beispiel des Wassers gesehen, dessen Wert im Supermarkt bei ein paar Cent liegt und in der Wüste in die Millionen gehen kann.

Aller Wert ist relativ, subjektiv und sehr beeinflussbar.

Was lernen wir aus diesem Beispiel? Drei Dinge: Der Wert, den etwas für jemanden hat, ist beeinflussbar und so veränderbar. Zweitens: Die Schwankungsbreite kann riesig sein. Und drittens: Der Wert hängt von der jeweiligen Situation und dem jeweiligen Gegenüber in mindestens demselben Maße ab wie vom Angebot – dem Produkt oder der Leistung –, um das bzw. die es geht. Das ist eine gute Botschaft, denn das bedeutet für unsere Zwecke: Wir können auch den Wert, den unsere Arbeitszeit bzw. unser Angebot für Kunden oder Arbeitgeber hat, beeinflussen und steigern.

Den Bedürfnissen auf der Spur

Worauf es dabei ankommt, ist die Antwort auf die Frage: Was ist unserem Arbeitgeber oder unserem Kunden wichtig? Denn dafür wären diese bereit, mehr Geld in Form von Preisen, Honoraren oder Gehältern auszugeben – auch wenn Sie kein Wasser in der Wüste, sondern eine vergleichsweise unspektakuläre Leistung als Friseur, Marketingmitarbeiter oder Bauplaner anzubieten haben. Die Vorgehensweise, wenn Sie Ihr Einkommen erhöhen wollen, ist daher theoretisch einfach, wenngleich nicht unbedingt oder immer leicht umsetzbar: Machen Sie sich auf die Suche nach den Bedürfnissen Ihrer Kunden und Vorgesetzten und erfüllen Sie diese.

Nach längerer Zusammenarbeit mit einem Kunden könnten Sie dessen Bedürfnisse aus Erfahrung bereits kennen. Doch Achtung: Oftmals meinen wir zwar, dass wir das tun, liegen aber bisweilen sowas von daneben. Bei Angestellten ist das meist noch einfacher, weil man bedingt durch die tägliche, sehr intensive Zusammenarbeit sehr viel voneinander weiß – manchmal auch mehr als einem lieb ist.

Sollten Sie diesbezüglich noch eine Wissenslücke und daher Nachholbedarf haben, bietet es sich an, diese Lücke dadurch zu schließen, dass Sie Fragen stellen, um diese Bedürfnisse zu ergründen. Die erste Frage, die fast immer passend ist, lautet: „Was ist Ihnen wichtig in Bezug auf …?“, vielleicht auch als „Worauf legen Sie (besonders) Wert, wenn es um … geht?“ formuliert. Gestellt an die Chefin im Mitarbeitergespräch könnte die Frage lauten: „Im Hinblick auf unsere Zusammenarbeit im kommenden Jahr, was ist Ihnen da besonders wichtig?“ Kunden könnte man (als Fensteranbieter etwa) fragen: „Wenn es um Ihre neuen Fenster geht, worauf legen Sie da besonders wert?“ Natürlich gibt es dabei unzählige Varianten der Formulierung.

Dabei kann es allerdings oft sein, dass der Befragte keine rasche oder zutreffende Antwort geben kann, weil er sich die Frage selbst noch nie gestellt hat. „Was erwarte ich von meinem Mitarbeiter wirklich? ... oder von einem Fensteranbieter?“ Das ist aber grundsätzlich nicht schlecht. Ganz im Gegenteil. Fragen, die Ihr Gegenüber zum Nachdenken bringen, sind gute Fragen, weil sie Antworten und Informationen ans Licht bringen, die neu und daher oft sehr aufschlussreich sind. Und wenn die Antwort dauert, lassen Sie sich und Ihrem Gegenüber Zeit.

Wenn man im Rahmen einer Studie zum Thema Beziehung und Partnerschaft beiden Partnern die Frage stellen würde „Was ist wichtig, damit eine Partnerschaft funktioniert?“ und beide antworten „dass man sich liebt“, dann könnte man denken „Wunderbar, wenn sich beide nur lieben, dann klappt das schon“. Und wäre dann erstaunt, wenn es bei vielen doch nicht klappt. Als etwas versierterer Forscher dürfte man sich mit dieser ersten Antwort daher noch nicht zufriedengeben und müsste nachfragen: „Und was verstehen Sie unter Liebe? Woran merken Sie denn konkret, dass er/sie Sie liebt?“ Darauf könnten die weiblichen Befragten antworten: „Na ja, wenn er mir das sagt, mir Komplimente macht und mir seine Liebe immer wieder mit kleinen Aufmerksamkeiten beweist.“ Und die männlichen Befragten: „Das ist einfach. Wenn ich abends nach Hause komme und sie ist noch da.“

Verzeihen Sie mir dieses zugegeben ziemlich plumpe und möglicherweise klischeehafte Beispiel, das aber einen wichtigen Punkt verdeutlicht. Was als Antwort auf solche Fragen kommt, kann nämlich recht unspezifisch sein. „Was ich von einem Mitarbeiter erwarte? Zuverlässigkeit vor allem“, könnte ein Vorgesetzter nach kurzem Überlegen sagen. Zuverlässigkeit, gut und schön. Aber was heißt denn das? Und selbst wenn Sie das wissen oder besser gesagt zu wissen glauben, wer sagt denn, dass Ihr Gesprächspartner dasselbe darunter versteht?

Dies verlangt nach einer eingehenden Begriffsklärung, genauso wie es unser Forscher beim Thema Liebe gemacht hat. Die Begriffe, mit denen Sie es im Berufsalltag zu tun haben, sind allerdings meist nicht ganz so komplex und emotionsgeladen wie die Liebe. Worte wie die erwähnte Zuverlässigkeit oder Vertrauen, Kompetenz und Flexibilität sind da eher an der Tagesordnung. All diese und artverwandte Begriffe sind ungenau und verlangen nach Klärung. Selbst so etwas scheinbar sehr Konkretes wie das Bedürfnis eines Kunden nach einem günstigen Preis ist noch ein schönes Stück von dem entfernt, was wir uns an Konkretheit wünschen würden. Was heißt denn schon günstig?

Und genau dieser Klärung kommen Sie mit der Frage „Und was verstehen Sie unter Zuverlässigkeit?" auf die Spur. Es geht dann um die sogenannten Erfüllungsbedingungen für das jeweilige geäußerte Bedürfnis. Je genauer Sie diese kennen, desto leichter wird es Ihnen fallen, diesen zu entsprechen und damit Ihren Wert für den anderen zu steigern.

Wenn Sie so weit gekommen sind, dann haben Sie oft bereits sehr viel und vor allem sehr Interessantes über die Wertvorstellungen Ihres Gegenübers erfahren. Doch noch gäbe es eine weitere Stufe, die Sie in die Tiefe steigen könnten, und das wäre die Frage nach dem Warum. Um bei unserem Beispiel mit der Zuverlässigkeit zu bleiben, könnte die Frage lauten: „Ich hatte den Eindruck, dass Ihnen die Zuverlässigkeit ganz besonders wichtig ist. Darf ich fragen, warum das so ist?"

An dieser Stelle könnte es sein, dass der Befragte erstmal keine Antwort hat und kurz nachdenken muss, um dann vielleicht immer noch keine Antwort zu wissen. Es könnte aber auch sein, dass er Ihnen etwas erzählt, eine kurze Geschichte zum Beispiel, die erklärt, warum Zuverlässigkeit so wichtig für ihn ist. Etwas, das Sie ohne diese Frage niemals erfahren hätten. Mit dieser kleinen Frage können Sie also bisweilen wertvolle Schätze heben, um sie dann dafür zu nutzen, Ihren Wert zu steigern.

Persönlichkeitsentwicklung = Marktentwicklung

Ob nun zu Übungszwecken oder auch, weil es immer spannend und hilfreich ist, mehr über sich selbst zu erfahren, können Sie diese drei Fragearten natürlich zuerst einmal auch sich selbst stellen und auf die Antworten neugierig sein. Geht es Ihnen vielleicht so wie anderen auch und Sie müssen über eine passende Antwort erst einmal nachdenken und das vielleicht sogar gründlicher als erwartet? Dann war es an der Zeit, dass Sie sich diese Fragen gestellt haben, denn offenbar gibt es da etwas Neues zu lernen. Und etwas Neues bietet Ihnen immer auch die Chance zu wachsen und Ihre Persönlichkeit ein Stück weiterzuentwickeln. Und dabei hat natürlich auch Ihr Selbstwert die Gelegenheit, auf diesen Zug aufzuspringen und ein Stück mitzuwachsen. Persönlichkeitsentwicklung ist Marktentwicklung.

Noch besser sind Probleme

An dieser Stelle könnten wir noch eine weitere alltagstaugliche Unterkategorie der Bedürfnisse einführen: Probleme. Probleme sind nichts anderes als unerfüllte Bedürfnisse. Wenn einem Problem nämlich kein Bedürfnis zugrunde liegen würde, dann wäre es auch kein Problem. Im Stau zu stecken ist nur dann ein Problem, wenn Sie das Bedürfnis haben, irgendwo pünktlich aufzutauchen (hinter dem möglicherweise auch das Bedürfnis nach Anerkennung oder Verbindung zu anderen steckt). Wenn Sie alle Zeit der Welt haben, mit

Essen, Getränken, Sprit und Unterhaltung gut versorgt sind, die Klimaanlage funktioniert und Sie noch nicht dringend zur Toilette müssen, ist der Stau kein Problem.

Probleme sind aber nicht einfach nur unerfüllte Bedürfnisse. Um die Bezeichnung zu verdienen, müssen es schon große, wichtige und drängende Bedürfnisse sein – wenngleich wir mit dem Begriff in der Alltagssprache oft recht fahrlässig umgehen. Einen halbwegs gefüllten Kühlschrank zu haben, in dem sich aber kein einziges Stück unserer Lieblingsfertigpizza befindet, ist nach meiner Definition kein Problem. Ein eitriger Weisheitszahn hingegen hat sich diese Bezeichnung redlich verdient.

Wofür ist diese Unterscheidung wichtig? Mit Problemen oder besser gesagt mit der Lösung derselben lässt sich sehr viel leichter und mehr Geld verdienen – egal ob angestellt oder selbstständig – als mit der Erfüllung schlichter Bedürfnisse, wenngleich auch für einen Pizzalieferservice bezahlt wird. Wenn man bestimmte Probleme zuverlässig lösen kann, trägt das enorm zur Wertsteigerung bei – jener des Marktwertes und, wenn man sich dessen wirklich bewusst ist, auch jener des Selbstwertes.

Das bedeutet, dass der Weg zu höherem Einkommen (oder besser gesagt die vierspurige Autobahn ohne Geschwindigkeitsbeschränkung) über Bedürfnisse und Probleme Ihrer Mitmenschen, speziell über jene Ihrer Vorgesetzten und Kunden, führt. Diese müssen nicht unbedingt mit denen Ihres Arbeitgebers übereinstimmen. Das Hemd ist auch Ihrem Chef (so er nicht der Unternehmensbesitzer ist) bisweilen näher als der Rock. Immer wieder erlebe ich es, dass so manche sehr persönlichen Bedürfnisse schon mal vor die offiziellen Ziele bzw. Bedürfnisse des Unternehmens gestellt werden. Bei Ihren Kunden – so Unternehmen Ihre Kunden sind – kann das genauso sein. Je genauer Sie daher die individuellen Bedürfnisse der Menschen und nicht nur die der Organisationen kennen, desto besser ist das für Sie in Bezug auf die Steigerung Ihres Wertes für diese Personen.

Werden Sie daher zum Problemsucher, wenn Sie Ihren Wert für andere erhöhen wollen, und natürlich im Zuge dessen auch zum Problemlöser. Das Finden der Probleme alleine ist ein wichtiger, aber eben auch nur ein erster Schritt. Probleme sind nicht nur eine gute Basis für mehr Einkommen, sondern für sehr viel mehr. Nicht wenige erfolgreiche Unternehmen hatten ein Problem und dessen Lösung als Ausgangspunkt.

Die relative Wertlosigkeit von Auszeichnungen und Ausbildungen

Statt sich aber darauf zu konzentrieren, denken viele Angestellte und auch Selbstständige oder Unternehmer, dass Dinge wie Ausbildungen, Zertifizierungen und mehr Know-how in bestimmten Bereichen ihren Wert für Arbeitgeber und Kunden steigern würden. Sorry, wenn ich Sie enttäuschen muss, aber das tun all diese Dinge nicht – zumindest nicht direkt. Wenn dem so wäre, dann würden jene Menschen mit den meisten Ausbildungen, Auszeichnungen und Zertifikaten auch am meisten verdienen. Das tun sie aber nicht.

Doch ich möchte auch das Kind nicht mit dem Bad ausschütten. Wenn Ihre zusätzliche Ausbildung oder Zertifizierung in einem bestimmten Bereich nämlich dazu angetan ist, das Bedürfnis nach mehr Sicherheit zufriedenzustellen oder Sie dadurch mehr Gewinn für Ihren Arbeitgeber oder Kunden erwirtschaften können, ist das schon hilfreich. Doch im Grunde geht es nicht um Ihre Ausbildung, sondern immer nur darum, wie jemand anderes davon profitiert. Immer daran denken: Ihr Chef und Ihr Kunde sind genauso egoistisch wie Sie selbst auch.

Das können wir leicht am Beispiel von Georg, unserem Verkäufer, sehen, der kürzlich zum zweiten Mal Vater geworden ist, was dazu geführt hat, dass seine Frau ihren Teilzeitjob aufgeben musste. Die Kosten für die Familie sind gleichzeitig gestiegen und so findet es Georg mehr als berechtigt, ein Gespräch bezüglich einer Gehaltserhöhung mit seinem Chef zu führen.

Was meinen Sie, ist das tatsächlich so? Sind gestiegene private Kosten und ein halbes Gehalt im Haushalt weniger ein guter Grund, um mehr Gehalt zu verlangen? Zu Recht könnte sich der Chef in dem Beispiel fragen: Und was habe ich davon? Erhöht sich die Leistung von Georg dadurch? Arbeitet er länger, mehr, effizienter? Ich hoffe, Sie haben jetzt keine allzu schlechte Meinung von unserem Chef hier und halten ihn nicht für ein hartherziges Ekel. Ich habe ihn nur deshalb so dargestellt, um deutlich zu machen, dass das nicht unbedingt eine erfolgversprechende Argumentationslinie ist.

Wertvoll wirken – Fakten sind hilfreich, Eindruck Trumpf

Um das Thema abzuschließen, sei noch hinzugefügt, dass bei alldem die Fakten – also auch Ihre Ausbildung – durchaus eine wichtige Basis für den Wert darstellen, den Sie in den Augen der relevanten anderen haben. Doch was letztlich entscheidend ist, sind nicht die Fakten, sondern der Eindruck, den diese bei den anderen hinterlassen. Bei all dem bisher Geschriebenen könnte man vielleicht den Eindruck erhalten haben, dass es den Homo Oeconomicus, den rational ökonomisch denkenden und handelnden Menschen, bei Arbeitgebern oder Kunden doch gibt. Wenn dem so ist, dann möchte ich das korrigieren: Es gibt ihn nach wie vor nicht. Ihre Arbeitgeber und Kunden agieren auch in Bezug auf Ihren Wert nicht rational ökonomisch. Der tatsächliche Wert, den sie Ihnen beimessen, entsteht daher ausschließlich in den Köpfen der anderen und nicht in der realen Welt da draußen.

Ihren realen, messbaren Wert in der Außenwelt zu steigern, ist ein erfolgversprechender Weg, doch bis zum Ziel bringt er sie nicht. Mehr noch als wertvoll sein, müssen Sie wertvoll wirken. Dabei möchte ich jedoch nicht dafür plädieren, Ihren Wert für andere auf Luft aufzubauen und ausschließlich auf Wirkung zu setzen. Solche Gebäude können zwar ganz rasch in den Himmel wachsen, wie Beispiele aus Film, Funk und Fernsehen immer wieder zeigen, doch genauso schnell können sie auch in sich zusammenstürzen. Das heißt, je mehr Substanz Sie Ihrem Wertfundament hinzufügen, desto besser ist es.

Einer meiner Lehrer hat das in einer aus meiner Sicht sehr gelungenen Formel auf den Punkt gebracht:

$$\textit{Erfolg} = \textit{Leistung} \times \textit{Kommunikation}^2$$

Roman Braun

Wenn Sie wollen, können Sie auch hoch 3 oder hoch 4 schreiben und ich würde immer noch zustimmen. Die Kommunikation Ihrer Leistung ist letztlich ge-WICHTIG-er als die Leistung selbst. Andererseits ist das Resultat dieser Rechnung mit einer Null-Leistung auch nur ein Null-Erfolg. Mit dieser enorm wichtigen Variablen der Gleichung werden wir uns später noch eingehender beschäftigen.

Die Krux mit dem Selbstwert

Nun gut, jetzt haben wir so einigermaßen ein Bild davon, wovon der Wert in den Augen der anderen, der Fremdwert, abhängt und wie Sie diesen zu Ihren Gunsten beeinflussen können. Und ich möchte nun noch einmal auf den – mindestens genauso wichtigen, wenn nicht noch wichtigeren – Selbstwert zurückkommen.

Wodurch werden wir für uns selbst wertvoll? In unseren eigenen Augen? Die Antwort auf diese Frage ist vielschichtig und komplex, die Einflussfaktoren subtiler. Die Stellschrauben, an denen Sie drehen können, um ihn zu steigern – ein paar haben wir bereits kennengelernt –, bewirken nicht immer das, was sie eigentlich sollten. Ganze Bibliotheken wurden zu nur diesem einen Thema bereits geschrieben, was auch zeigt, wie wichtig es ist und wie groß das gesellschaftliche Vakuum ist, was einen soliden Selbstwert angeht.

Wie er entsteht? Wie sind Sie zu dem Selbstwert gekommen, den Sie aktuell haben? Wenn man Psychologen danach fragt, dann würden diese sagen, es ist eine bunte Mischung aus Erziehung (das, was uns unsere Eltern sagen) und Sozialisation (das, was sie und all die anderen um uns herum parallel dazu tatsächlich tun und uns vorleben). Eigene Erfahrungen, die wir im Lauf unseres Lebens so machen, aber auch die Erfahrungen anderer, von denen wir erfahren, spielen ebenso wichtige Rollen beim Aufbau des Selbstwertes. Je früher – gemessen an unserem Lebensalter – etwas passiert, desto stärker ist üblicherweise seine Auswirkung auf uns. Doch damit ist auch schon Schluss mit der Erklärung, wie der Selbstwert entsteht.

Viel wichtiger ist da schon die frohe Botschaft: Der Selbstwert – auch Ihrer – ist beeinflussbar und änderbar – auch in die richtige Richtung und auch dann, wenn Sie Ihre

Erziehung und frühkindliche Sozialisation bereits mehr oder weniger erfolgreich abgeschlossen haben.

Und eines möchte ich an dieser Stelle noch in aller Deutlichkeit sagen: Wenn es etwas gibt, das Ihre Persönlichkeit betrifft und an dem Sie mit ALL Ihren Ressourcen unermüdlich arbeiten sollten, dann ist es Ihr Selbstwert, den Sie steigern sollten.

„Kann man denn nie genug oder sogar zu viel davon haben?“, werden Sie vielleicht fragen und dabei an den einen oder anderen Zeitgenossen denken, dem Sie das unterstellen würden. Meine Antwort darauf ist ein klares „Vielleicht“. Doch ebenso klar ist, dass wir uns in einem Buch zum Thema „sich unter Wert verkaufen“ nicht mit den potenziell negativen Konsequenzen eines möglicherweise übersteigerten Selbstwertes beschäftigen müssen.

Sag dem Leben, was du von ihm haben willst

Nachdem ja, wie soeben festgestellt, „Erfolg = Leistung × Kommunikation^2" gilt, sollten wir uns auch mit der Kommunikation eingehender auseinandersetzen. Viele, viel zu viele, meinen ja, es würde reichen, Gutes zu tun, gut zu sein und die anderen – ihre Chefin, ihre Kunden – würden das dann schon bemerken und entsprechend würdigen und wertschätzen. Die harte Wirklichkeit zeigt allerdings viel zu oft, dass sie das nicht tun. Kompetente Angestellte werden bei Beförderungen übergangen, nicht nur einmal, sondern immer wieder. Andere Anbieter werden von Kunden vorgezogen und das, obwohl sie doch ganz klar ein schlechteres Angebot gemacht haben. Viele schlagen sich, wie bereits erwähnt, mit Preisen herum, die zwar nicht unter ihrem Wert, sehr wohl aber unter dem, was auf Basis ihres Know-hows und ihrer Fähigkeiten in manchen Bereichen möglich wäre. Das Leben ist manchmal hart, aber oft auch nur scheinbar ungerecht.

Denn auch die Kommunikation eines Wertes ist eine Fähigkeit, die genauso relevant, nein, sogar relevanter ist als so manch andere Fähigkeit. Nun ist Kommunikation natürlich ein sehr weites Feld, zu dem es viel zu schreiben gäbe, doch ich will nur ein paar Punkte herausgreifen und dazu Denkanstöße liefern.

Nehmen wir an, dass Georg, unser Verkäufer von vorhin, einen Zwillingsbruder, Helmut, hat. Beide hatten gleichzeitig im selben Unternehmen begonnen, davor dieselbe Ausbildung durchlaufen und sie auch gleichermaßen erfolgreich abgeschlossen. Sie waren in angrenzenden Gebieten mit vergleichbaren Kunden tätig und von Beginn an auch immer Kopf an Kopf, was ihre Ergebnisse anging. Sie waren, um es einfach zu sagen, gleich.

Doch halt, es gab einen Unterschied, einen offenbar wichtigen, der dazu geführt hat, dass Helmut heute in einer anderen Abteilung die Verkaufsleitung innehat und es ganz so aussieht, als ob er auch weiterhin Karriere im Unternehmen machen würde. Georg ist, wie wir wissen, immer noch im Verkauf und dort nicht unglücklich, wenngleich er ganz im Stillen immer wieder ein wenig neidisch auf seinen Bruder ist. „Warum werde ich nicht befördert?", fragt er sich in diesen Momenten im Stillen, belässt es jedoch dabei.

Dabei wäre es natürlich schon spannend zu wissen, warum Helmut Karriere macht und Georg bei gleich guter Leistung bis dato nicht. Es gibt da eine Sache, die Helmut anders gemacht hat und immer noch macht. Gleich beim Vorstellungsgespräch hat Helmut auf die beliebte Frage „Wo sehen Sie sich denn in fünf Jahren beruflich?" eine glasklare Antwort gegeben: „In spätestens fünf Jahren will ich eine Führungsfunktion am besten im Verkauf haben." Nicht überheblich, aber doch mit angemessenem Selbstbewusstsein. Georg wurde diese Frage ebenso gestellt. Seine Antwort: „In fünf Jahren? Das ist natürlich schwer zu sagen. Ich möchte mich schon weiterentwickeln, aber es kommt ganz darauf an, was sich so ergibt."

Und nicht nur das. Helmut hatte seither bei jedem Mitarbeitergespräch und bei sonstigen Gelegenheiten, die sich dafür anboten, darauf hingewiesen, dass er sein Ziel, Führungskraft zu werden, nicht aus den Augen verloren hat, sondern ganz im Gegenteil ambitionierter denn je verfolgt. Höflich, aber hartnäckig. Und das, obwohl ihm die konkrete Frage seit dem Bewerbungsgespräch nicht mehr so explizit gestellt wurde. Georg wurde sie auch nicht mehr gestellt und er hat das Thema von sich aus nie mehr zur Sprache gebracht. Ja, er wäre schon dafür zu haben gewesen, aber er wollte nicht aufdringlich wirken. „Man wird schon auf mich zukommen, wenn es eine passende Gelegenheit gibt“, dachte er eine Zeit lang – aber inzwischen nur noch sehr selten, wenngleich der Wunsch insgeheim immer noch da ist.

Hand aufs Herz: Wenn Sie derjenige wären, der eine freie Stelle als Vertriebsleiter zu vergeben hätte, und könnten zwischen Georg und Helmut wählen, wem würden Sie diese wohl anbieten? Und warum?

Wenn Sie Georg übergehen, dann hätten Sie sich nichts vorzuwerfen, schließlich hat er ja diesbezüglich niemals Ambitionen gezeigt, geschweige denn geäußert. Auch von Georg hätten Sie vermutlich keine Vorwürfe zu erwarten, und er würde sehr wahrscheinlich auch weiterhin einen guten Job im Verkauf machen.

Anders bei Helmut. Er hat sich für die Aufgabe über ein paar Jahre hinweg in Position gebracht, in die vorderste Reihe sogar. Ihm die Stelle nicht zu geben, sie ihm vielleicht nicht einmal anzubieten, wäre deutlich problematischer. Da bräuchten Sie schon eine gute, plausible Erklärung für Ihr Handeln, um ihn nicht vor den Kopf zu stoßen. Der könnte – verständlich und nachvollziehbar – das als Affront, sogar als Beleidigung auffassen und sich als Resultat dieses Nicht-Angebotes motiviert fühlen, sich einen anderen Arbeitgeber zu suchen, einen, der seine Leistung und Zielstrebigkeit mehr zu schätzen weiß und ihm bessere Entwicklungschancen bietet.

Und selbst wenn Helmut trotz allem bleibt und weiterhin seinen Job zuverlässig macht, hätten Sie zumindest ein schlechtes Gewissen seinetwegen, oder? Und dieses schlechte

Gewissen könnte dazu führen, dass Sie ihm versprechen, ihn für eine andere zukünftige Führungsposition im Visier zu haben. Und um ihm die Wartezeit bis dahin zu versüßen und ihn bei Laune zu halten, erhält Helmut möglicherweise eine außerplanmäßige Gehaltserhöhung, eine Prämie oder eine andere passende Zuwendung aus dem Schatzkästchen der Personaler.

Das Ganze ist natürlich wieder so ein Gedankenspiel. Vielleicht würden Sie ja ganz anders mit der Situation umgehen. Und Georg und Helmut könnten sich natürlich ebenso ganz anders verhalten. Stimmt.

Wovon Sie mich allerdings nicht abbringen können – und darum geht es mir bei diesem Beispiel vor allem – ist zu glauben, dass es sehr viel mehr Georgs als Helmuts da draußen gibt. Verhalten wir uns nicht alle viel zu häufig wie Georg und zu selten wie Helmut? Haben wir alle nicht sehr viel mehr Wünsche und sogar Erwartungen in Bezug auf andere, ohne es diesen zu sagen? Schließlich kennen die uns ja und müssten demzufolge selbst draufkommen, dass wir dieses oder jenes haben wollen oder gar brauchen, oder?

Das heißt, wir wollen etwas von anderen – unserem Partner, einem Freund oder einer Freundin oder eben auch einem Kunden oder Vorgesetzten –, sagen es dieser Person aber nicht. Weder, dass wir etwas wollen, noch, was genau wir wollen. Und dann wundern wir uns nicht nur, dass wir es nicht bekommen, sondern sind aufgrund dieser Tatsache sogar frustriert, verärgert oder sogar stinksauer. Lassen Sie sich das einen Moment auf der Zunge zergehen. Ist das nicht ein wenig, wie soll ich sagen …?

Wir sagen oft NICHT, was wir haben wollen
und sind enttäuscht, wenn wir es NICHT bekommen.

Wie einfach wäre die Welt im anderen Fall. Sie wollen etwas von jemandem und unterrichten diese Person von Ihrem Wunsch. Klar, unmissverständlich, aber natürlich mit dem der Situation entsprechenden Fingerspitzengefühl. Ihr Gegenüber hat dann die Möglichkeit, Ihnen Ihren Wunsch zu erfüllen oder auch nicht. Es wäre natürlich blauäugig zu meinen, dass Sie alle bekommen, was Sie sich wünschen. Das nicht. Allerdings behaupte ich, dass Sie Ihre Chancen dadurch deutlich erhöhen. Zumindest in den Fällen, wo der andere Ihnen Ihren Wunsch erfüllen könnte, wenn er ihn einfach nur kennen würde, hätten Sie sogar extrem gute Karten. In den übrigen Fällen erzeugen Sie dadurch, dass Sie laut sagen, was Sie wollen – ein höheres Gehalt zum Beispiel – zumindest einen gewissen, sagen wir mal positiven Erwartungsdruck. Sanft, aber doch vorhanden.

Dasselbe Konzept greift bei Selbstständigen ganz genauso. Wenn Sie mit einem Kunden über einen Auftrag sprechen, den dieser zu vergeben hat – an einen der anderen drei Anbieter oder an Sie –, was spricht dagegen, ihm klipp und klar zu sagen, dass Sie den Auftrag haben wollen. Unter uns gesagt: Er wird ohnehin nicht überrascht sein und sagen: „Echt, jetzt bin ich aber erstaunt! Ich dachte, Sie wollten nur einen Kaffee mit mir trinken und ein wenig nett plaudern." Doch auch wenn es klar ist, dass Sie den Auftrag wollen, macht es einen Unterschied, wenn Sie das Ihrem Kunden klar mitteilen. Dann liegt die Entscheidung, wen er beauftragt, immer noch bei ihm. Aber Sie hätten in diesem Fall die Chancen zu Ihren Gunsten beeinflusst, ganz genau wie Helmut. Und sollten es doch nicht Sie sein, der dieses Mal den Auftrag erhält (was schade wäre), dann hätte der Kunde zumindest ein schlechtes Gewissen. Davon können Sie sich zwar nichts kaufen, aber es ist besser als gar nichts und erhöht Ihre Chancen, beim nächsten Mal bedacht zu werden.

Tu Gutes und sprich darüber

Die dem Gesagten innewohnende Aufforderung an meine werten Leserinnen und Leser lautet nun nicht, übertriebene oder gar haltlose Forderungen zu stellen und Ihre Mitmenschen damit zu bedrängen. Vielmehr brauchen die Forderungen eine Basis in Form einer möglichst soliden Leistung, damit das Ergebnis unserer vorhin genannten Erfolgsgleichung nicht null ergibt. Doch ist diese erst einmal etabliert, sollte man sein Licht nicht unter den allseits bekannten Scheffel stellen. Ganz im Gegenteil würde ich – wie die Bibel – den Platz auf dem Leuchter empfehlen. Und da in so manchen Sprichwörtern viel Weisheit steckt, noch ein paar davon zu diesem Thema: „Tu Gutes und sprich darüber!" oder auch – eines meiner Lieblinge – „Bescheidenheit ist eine Zier, doch besser lebt man ohne ihr!" Und, um nochmals die Bibel zu bemühen:

„Bittet, so wird euch gegeben; suchet, so werdet ihr finden;
klopfet an, so wird euch aufgetan. Denn wer da bittet,
der empfängt; und wer da sucht, der findet;
und wer da anklopft, dem wird aufgetan."

... meinen Matthäus (7,7) und auch Lukas und Johannes an anderen Stellen.

Von Kindern lernen

In dieser Beziehung können wir alle aber nicht nur aus Sprichwörtern, sondern vor allem von Kindern lernen – sehr viel sogar. Diejenigen unter Ihnen, die selbst Kinder haben, wissen aus eigener – vielleicht leidvoller – Erfahrung, dass Kinder sehr überzeugend sein können, wenn sie etwas haben wollen. Von nobler Zurückhaltung keine Spur. Für Kinder scheint es die klarste Sache der Welt zu sein, dass man den anderen, speziell den Erwachsenen, die die Mittel und Möglichkeiten haben, einfach und direkt sagt, was man will. Wie sollten Sie das denn sonst wissen. Die Idee, dass die anderen das doch wissen müssten und von selbst draufkommen sollten, ist eine, die einem Gehirn erst entspringt, wenn es die Pubertät hinter sich gelassen hat.

Und „sagen" ist oft ein nicht passender Ausdruck für das, was Kinder tun, um Erwachsenen ihre Wünsche mitzuteilen. Sie sagen es vielleicht zu Beginn, zum Aufwärmen sozusagen. Doch wenn das Sagen nicht die nötige Wirkung erzielt, ziehen sie weitere Karten aus ihrem scheinbar unerschöpflichen Repertoire und steigern sich dabei Schritt für Schritt, bis die Erwachsenen es endlich kapieren und dem auch entsprechende Handlungen folgen lassen.

Schreien (bis in den Ultraschallbereich), betteln, erpressen (sowohl klassisch als auch emotional), drohen, körperliche Gewalt, weinen, schmollen, besonders brav sein (oder so tun als ob), Liebesentzug, komplexe Strategien des gegeneinander Ausspielens, verstörende und für die Eltern peinliche Verhaltensweisen in der Öffentlichkeit (vor der Supermarktkasse auf dem Boden wälzen und schreien) und so weiter und so fort – und das Ganze mit einer Ausdauer und Hartnäckigkeit, die ihresgleichen sucht. Sollten Sie also wieder einmal meinen, Sie hätten schon alles versucht, um anderen Ihre Wünsche mitzuteilen und zu bekommen, was Sie wollen, dann haben Sie angesichts dieser Liste vermutlich nicht einmal an der Oberfläche der Möglichkeiten gekratzt.

Nun möchte ich die Botschaft nicht falsch verstanden wissen und Sie sich vor der Supermarktkasse wälzend und schreiend vorfinden (was die Länge der Schlange und die Dauer meines Einkaufs auch negativ beeinflussen würde). Das nicht, aber wenn ich raten müsste, würde ich meinen, dass zwischen dem, was Sie aktuell diesbezüglich aus Ihrem Verhaltensrepertoire ziehen, und der Sache mit der Supermarktkasse ein breites Spektrum weitgehend ungenutzter Varianten liegt. Viele davon sind durchaus auch für Erwachsene einsetzbar, ohne dabei verhaltensauffällig zu werden oder Schlimmeres.

Energy flows where attention goes

Doch zu sagen, was man will, reicht nicht bzw. ist eigentlich erst der zweite Schritt. Zuvor muss man erst einmal wissen, was man will. Bei meinen Coaching-Klienten stoße ich verhältnismäßig häufig auf eine diesbezügliche Leerstelle, zumal nicht wenige genau deshalb einen Coach aufsuchen. Dieses Vakuum scheint sogar so verbreitet zu sein, dass dazu ein Buch mit dem vielsagenden Titel „Ich könnte alles tun, wenn ich nur wüsste, was ich will“ (von Barbara Sher) geschrieben wurde, das sich nach mehr als einem Jahrzehnt immer noch sehr gut verkauft.

Diesem „Was wir wollen“ auf die Spur zu kommen, ist oft keine leichte (manche schaffen das auch niemals), aber definitiv eine sehr lohnende Aufgabe. Eine möglicherweise hilfreiche Anleitung finden Sie im oben genannten Buch meiner Autoren-Kollegin. Denn zu wissen, was wir wollen und das ganz klar vor Augen zu haben, setzt unglaublich viel Energie in uns frei, die ansonsten in diesem Vakuum gefangen ist und nicht freigesetzt werden kann.

Wir alle haben diese Art von Energie. Sie schlummert in uns, bis wir ihr ein klares Ziel und damit eine Richtung geben. Es ist absolut erstaunlich, was das allein verändern kann. Mit dieser Energie ausgestattet, fällt es uns dann auch sehr viel leichter, alle, die es betrifft (und ja, manchmal auch einige derer, die es nicht betrifft), davon in Kenntnis zu setzen, was wir wollen. Energie wird durch einen klaren Fokus, durch unsere zielgerichtete Aufmerksamkeit gelenkt.

Energy flows, where attention goes.

Und diese Energie ist nicht nur ein Beiwerk, sondern die Substanz, aus der alles, wirklich alles besteht. Physiker wissen das: Alles ist letztlich Schwingung und Energie.

Warum Mitleid unprofitabel ist

Trotzdem gibt es auch dann noch Dinge, die uns bremsen oder zurückhalten. Eines davon, speziell, wenn es um Geld geht, das wir von anderen – Kunden oder Arbeitgebern – wollen, ist Mitgefühl oder gar Mitleid.

Laura, unsere Grafikerin, hatte erst kürzlich so einen Kunden, bei dem sie es nicht geschafft hat, die neuen Stundensätze, die ihr ihr Business-Coach wärmstens ans Herz gelegt hatte, zu verlangen. Sie hatte es einfach nicht über die Lippen oder besser gesagt übers Herz gebracht, so viel von so einem armen Menschen zu verlangen.

Sein Geschäft lief gar nicht gut. Zuerst die Pandemie mit ihren Lockdowns, gefolgt von der steigenden Inflation und dann auch noch der Krieg quasi vor der Haustür. All das hatte seine Umsätze auf Talfahrt geschickt. Ein paar Mitarbeiter mussten entlassen werden und ein paar weitere würden vermutlich noch folgen, sobald sie aus der Kurzarbeit herauskämen. Die Zukunft seines Unternehmens bestand aus einem großen Fragezeichen, das definitiv nicht rosa gefärbt war. Ein Jammertal, mit einem Wort. Und von so jemandem, der noch dazu ein Stammkunde war, sollte sie jetzt die neuen, deutlich höheren Stundensätze verlangen? Nein, das konnte sie nicht mit Ihrem Gewissen vereinbaren.

Letzten Endes hatte sie dem Kunden für seinen Auftrag sogar noch einen kleinen Nachlass – auf den alten Stundensatz versteht sich – gegeben und ihn mit einem wohlig warmen Gefühl in der Magengrube zur Tür begleitet. „Ich rufe Sie dann nächste Woche an“, sagte sie noch beim Verabschieden. Seine Antwort ließ das wohlig warme Gefühl schlagartig verschwinden: „Bitte erst in drei Wochen, die nächsten beiden sind wir mit der ganzen Familie auf den Seychellen.“ Dort, wo eben noch das wohlig warme Gefühl Anstalten gemacht hatte, sich über den ganzen Körper auszubreiten, saß nun ein fetter Ärgerkloß. Laura ärgerte sich wieder einmal. Ein wenig über den Kunden natürlich, aber sehr viel mehr über sich selbst.

Der Griff in die vermeintlich leere Tasche des Kunden.

Bert Hellinger, der Psychoanalytiker, der vor allem mit der Methode der Aufstellungsarbeit assoziiert wird, hat das Phänomen, dem Laura wieder einmal zum Opfer gefallen ist, sehr treffend als „Angst vor dem Griff in die vermeintlich leere Tasche des Klienten“ bezeichnet. Diese Angst ist bei Selbstständigen vermutlich verbreiteter als bei Angestellten. Kaum jemand, der in einem Großbetrieb oder Konzern arbeitet, macht sich Sorgen, dass sein Wunsch nach einer Gehaltserhöhung der Tropfen sein könnte, der das Fass zum Überlaufen bringt und seinen Arbeitgeber in den Konkurs treibt. Bei Selbstständigen und Unternehmern hingegen ist diese Angst zwar oft unbegründet, aber dennoch verbreitet.

Bei all dem Mitgefühl für einen Kunden oder auch für einen Arbeitgeber, das ich Laura und anderen in so einer Situation gar nicht absprechen möchte, könnten natürlich auch noch andere, vielleicht unbewusste Beweggründe hinter diesem Verhalten stecken. Zum Beispiel die Angst, den Auftrag nicht zu erhalten, weil der Kunde finanziell zu klamm für die wahren Preise ist. Das ist zwar verständlich, aber nicht zielführend für die weitere Geschäftsentwicklung.

Und schließlich: Ist es nicht auch ein wenig arrogant, dem Kunden den wahren Preis aus falscher Rücksichtnahme nicht zuzumuten? Schließlich sind Ihre Kunden wie auch Ihre Arbeitgeber erwachsen und sollten auch so behandelt werden. Der Verkäufer im Reisebüro hatte offensichtlich weniger Gewissensbisse als Laura – und deshalb ist das Geld jetzt bei ihm und beim Hotelier auf den Seychellen. Das Geld fließt immer irgendwohin, wird immer für irgendetwas ausgegeben und wenn Sie es nicht haben wollen, dann bekommt es eben jemand anderes.

Geben ist profitabler als Nehmen

Als jemand, bei dem sich inzwischen doch ein wenig Lebenserfahrung angehäuft hat, schreibe ich das nächste Kapitel in dem Wissen, dass ebendiese Erfahrung und die Sichtweisen, die daraus entstanden sind, von jenen der neueren oder sogar ganz neuen Generationen abweichen oder sogar im Widerspruch zu diesen stehen. Ich spreche davon, dass das Geben vor dem Nehmen kommen sollte. Dabei ist das nicht bzw. nicht primär als ein Postulat, das auf meinen moralischen Grundsätzen fußt und den Anspruch auf allgemeine Gültigkeit erhebt, gemeint. Ich behaupte nur, dass es profitabler als Nehmen ist und beziehe mich dabei auf unsere Zwecke: Wenn man mehr bekommen will, dann ist es empfehlenswert, ZUVOR mehr Leistung zu erbringen.

~~Geben ist seliger als Nehmen.~~
Geben ist profitabler als Nehmen.

Ich spreche das deshalb so dezidiert an und widme diesem Gedanken sogar ein eigenes Kapitel, weil ich gerade bei Angestellten (seltener bei Selbstständigen) immer wieder genau die gegenteilige Einstellung wahrnehme. „Zuerst will ich mehr Gehalt und dann strenge ich mich (mehr) an!“ Solche Aussagen sind in vielen Bereichen häufig anzutreffen. Das bedeutet, dass der Preis (in Form des Gehalts) zuerst erhöht und dann erst der Wert, der dafür geboten wird, nachgezogen wird.

Gerade angesichts des aktuellen Arbeitskräftemangels scheint das auf den ersten Blick eine erfolgversprechende Sichtweise zu sein. Die Machtverhältnisse haben sich in manchen Bereichen so sehr verschoben bzw. sogar gedreht, dass sich nicht mehr die potenziellen Mitarbeiter bei Arbeitgebern bewerben, sondern andersherum. Wozu also sollten diese zuerst geben und Leistung zeigen und dann erst Forderungen in Form höherer Gehälter oder anderer Zuwendungen stellen? Wenn man am längeren Hebel sitzt, ist das doch gar nicht nötig. Man könnte dem potenziellen Arbeitgeber gegenüber auch nach dem Prinzip: „Nimm es oder lass es eben" agieren. „Wenn du mich haben willst, dann ist das der Preis, den du zu bezahlen hast."

Es gibt allerdings mehrere Dinge, die dagegensprechen. Erstens könnte sich der „Arbeitskräftemangel" auch so rasch wie er gekommen ist wieder in einen Überschuss an Arbeitskräften verwandeln. Das ist letztlich ein Ergebnis aus dem Zusammenspiel mehrerer gesamtwirtschaftlicher Faktoren. Ich wage keine Prognose, es würde mich aber nicht überraschen.

Zweitens ist man kurzfristig mit der „Zuerst nehmen bzw. fordern und dann geben"-Strategie möglicherweise erfolgreich, mittelfristig bezweifle ich allerdings, dass damit eine gute Basis für eine erfolgreiche Zusammenarbeit geschaffen wird. Anders gesagt könnte es sein, dass der Arbeitgeber auf diese Art unter Druck gesetzt zwar diesem nachgibt, die Beziehungsebene dadurch aber geschädigt wird. Wann immer sich die Möglichkeit bietet, könnte der Arbeitgeber als weitere Folge andere Mitarbeiter bevorzugen. Verkäufer kennen das aus umgekehrter Sicht: Wenn sie von Einkäufern mit großem Einkaufsvolumen massiv unter Druck gesetzt werden, geben sie diesem gezwungenermaßen vielleicht nach. Die besten

Angebote, die Filetstücke, werden aber meist den Kunden angeboten, die sich diese aufgrund guter partnerschaftlicher Zusammenarbeit auch verdient haben.

Der Erfolg dieser Strategie ist also zumindest fragwürdig – im Gegensatz dazu entspringt der folgende Aspekt, der dazu beiträgt, meinen Rat des „Geben vor Nehmen" zu unterstützen, der Verhaltenspsychologie und wurde in vielen Studien sehr gut untersucht.

Geben vor Nehmen

Stellen Sie sich vor, Sie schlendern am Samstagnachmittag einkaufsbummelnd die Geschäfte in der Fußgängerzone der nächstgrößeren Stadt entlang und werden plötzlich um eine Spende gebeten, für etwas, wofür Sie normalerweise nicht freiwillig spenden würden. Was tun Sie? Sagen Sie Nein? Oder sagen Sie gar nichts, wenden den Blick ab und gehen einfach weiter? Ich würde das vermutlich tun.

Ein Stück weiter auf Ihrem Einkaufsbummel, Sie telefonieren gerade und sind daher ein wenig abgelenkt, kommt jemand auf Sie zu und drückt Ihnen ein kleines Geschenk in die Hand. Nichts Wertvolles, aber auch kein klassischer Werbeartikel. Eine Blume, eine Praline, eine selbst gebastelte Nettigkeit. Sie nehmen dieses Geschenk in ebendiesem unachtsamen Augenblick entgegen und gehen weiter.

Momente später, spätestens, wenn Sie Ihr Telefonat beendet haben, wird Ihnen schlagartig bewusst, was Sie getan haben und dass das ein Fehler war. Sie sollen recht behalten: ein paar Schritte weiter kommt wieder jemand auf Sie zu, der Sie diesmal aber um eine kleine Spende ersucht. Dieser jemand ist ganz offensichtlich von derselben Organisation wie der Geschenkeverteiler. Nach wie vor ist es keine der

Organisationen, für die Sie bevorzugt spenden würden. Wie verhalten Sie sich jetzt? Schaffen Sie es, den Blick abzuwenden und weiterzugehen oder spenden Sie – zähneknirschend, in dem Bewusstsein, dass man Sie erwischt hat – die geringstmögliche Summe?

Wenn es Ihnen so geht wie den meisten anderen in solchen Situationen, dann ist die Wahrscheinlichkeit für eine Spende nach der Annahme des Geschenks zumindest deutlich gestiegen. Warum? Sie haben schon etwas erhalten – ungefragt, ja, und vielleicht sogar etwas, das Sie ohnehin im nächsten Mülleimer entsorgen, aber dennoch, Sie haben es entgegengenommen. Und jetzt sind Sie an der Reihe mit dem Geben und das geht in dieser Situation am raschesten und einfachsten mit einer Spende. Augen zu und durch.

Reziprozität nennen Verhaltenspsychologen diesen in unterschiedlichen Situationen untersuchten Mechanismus. Er wirkt so stark, dass wir es förmlich als Zwang empfinden, uns im positiven Sinne zu revanchieren, wenn wir etwas erhalten haben. Der Zwang ist auch spürbar, wenn wir das, was wir erhalten haben, gar nicht wollen oder brauchen, auch dann, wenn wir den Geber gar nicht kennen oder uns dieser sogar unsympathisch ist und auch dann, wenn wir wissen, dass das Ganze eine geplante Aktion, also ein abgekartetes Spiel ist.

Das Beispiel mit dem Spendensammeln habe ich gewählt, weil es einige dieser „auch dann"-Kriterien erfüllt und uns zeigt, dass die Reziprozität selbst dann ihre Wirkung entfaltet. Dabei will ich diesem Effekt auf keinen Fall generell ein negatives Image verpassen. Ganz im Gegenteil: „Geben und Nehmen" ist ein wichtiger Teil menschlicher Interaktion. Wir bekommen ein Kompliment und geben sogleich eines zurück. Wir werden von einem Freund auf ein Getränk eingeladen, dann geht das nächste natürlich auf unsere Rechnung. Wir erhalten ein kleines Geschenk zum Geburtstag oder auch einfach nur so von der Nachbarin und revanchieren uns demnächst mit einem ebensolchen. Menschen knüpfen und verstärken Beziehungen mit diesem Verhalten.

Dabei möchte ich die Wirkung des Gebens nicht darauf beschränken, psychologischen Druck auszuüben, der dazu führt, etwas zurückzubekommen, wenngleich das, pragmatisch betrachtet, sehr hilfreich sein kann. Sehr viel wichtiger scheint mir, dass wir dadurch die Möglichkeit haben, einen Wert für unser Gegenüber zu schaffen oder zu vergrößern. Und genau das ist ja auch eine der Grundaussagen dieses Buches: Den Wert erhöhen, um im Gegenzug automatisch auch die Preisspanne nach oben auszuweiten.

Im Marketing hat das beschriebene Prinzip in den letzten Jahren Furore gemacht. Es gibt jede Menge kostenlose Angebote (oft Freebies genannt) – Checklisten, E-Books, Webinare und sogar gedruckte Bücher – mit dem Ziel, die Mailadresse eines potenziellen Kunden zu erhalten, vor allem aber auch, um den Wert des Angebotes oder noch sehr viel öfter des Anbieters in den Augen des Kunden zu erhöhen. Im Grunde handelt es sich um eine Kostprobe – ein gar nicht so neues Prinzip. Allerdings war es über Jahrzehnte in Vergessenheit geraten und ignoriert worden, bevor es in den letzten Jahren vom Marketing wiederentdeckt und als das große Ding gefeiert wurde.

Warum kalter Kaffee eine heiße Sache sein kann

Bei all dem Geben sollten wir allerdings nicht vergessen, dass dieses unseren Wert nur dann erhöht, wenn es auf Bedürfnisse oder besser noch Probleme unserer Kunden oder Arbeitgeber trifft. Sonst ist es nutzlos und einfach nur vergebene

Liebesmühe. Es geht daher nicht bloß darum zu geben, sondern vielmehr darum, bedürfnisgerecht und bedürfnisorientiert zu geben.

Das Geben ist darüber hinaus von noch mehr Erfolg gekrönt, wenn es die Erwartungen des Gegenübers übertrifft oder ganz und gar unerwartet ist. Wie positiv etwas in unserer Bewertung ausfällt, hängt nämlich nicht nur davon ab, was es ist, sondern vor allem auch davon, auf welche Art von Erwartung es trifft.

Erwartungen erfüllen ist nett,
sie zu übertreffen macht erfolgreich.

Letztens war ich wieder einmal beim Friseur und wurde wie jedes Mal gefragt, ob ich einen Kaffee haben möchte. Wie meistens nahm ich dankend an. Der Kaffee war in Ordnung, aber kein Grund für Begeisterungsstürme. Als ich nach Hause kam und meine Frisur von meiner Frau begutachten und für gelungen befinden ließ, fand der Kaffee mit keinem Wort Erwähnung. Verständlich, würde ich meinen. Schließlich ist es heutzutage weitgehend Standard, dass man beim Friseur einen Kaffee angeboten bekommt. Das ist es, was man – ich zumindest – erwartet.

Szenenwechsel. Sie sitzen im Auto und stecken in einem Stau, der sich diese Bezeichnung redlich verdient hat. Einen, bei dem die Länge in Zehner-Kilometerabschnitten und der Zeitverlust in Stunden gemessen wird. Noch haben Sie Sprit im Tank und die Heizung läuft, doch wer weiß, wenn das noch länger dauert ... Es ist Winter und draußen sind Minusgrade. Sie erinnern sich an Horrorstories von Autofahrern, die bei ähnlichen Anlässen auch schon mal eine Nacht in ihren Autos verbringen mussten.

Plötzlich klopft es an der Seitenscheibe. Erschrocken aus Ihren Gedanken gerissen, drehen Sie Ihren Kopf und schauen in das Gesicht eines Polizisten, was Ihren Puls noch weiter in die Höhe treibt. Unwillkürlich fragen Sie sich, welche Gesetzesübertretung Sie in der letzten Stunde während des Wartens wohl begangen haben könnten und durchsuchen Ihr Auto gedanklich schon mal nach Warnweste und Pannendreieck. Sie öffnen schuldbewusst das Fenster, bemerken, dass der Gesetzeshüter lächelt, und entspannen sich ein wenig.

„Guten Tag. Ich wollte Sie nur informieren, dass wir immer noch an der Beseitigung des LKW-Zuges arbeiten, der umgekippt war und den Stau verursacht hatte. Leider werden Sie sich vermutlich noch zwei Stunden gedulden müssen. Um Ihnen die Wartezeit zu verkürzen, dachten wir uns, dass vielleicht ein heißes Getränk schön wäre und haben einen Kaffee mitgebracht. Leider keinen Espresso oder Cappuccino, sondern einen ganz normalen Filterkaffee aus dem großen Topf hier, aber vielleicht besser als nichts. Möchten Sie einen?"

Ich wäre an dieser Stelle vermutlich so überrascht, dass ich gar keine direkte Antwort zustande bringen würde. Möglicherweise würde ich dankend ablehnen (bei einem italienischen Espresso hätte ich mich glatt breitschlagen lassen). Aber ich würde definitiv ein Foto schießen oder ein kurzes Video drehen, es mit einem entsprechend enthusiastisch-positiven Kommentar versehen, auf all meinen Social-Media-Kanälen posten und den Vorfall natürlich eine ganze Zeit lang jedem erzählen. Und ich würde darauf wetten, dass das die meisten anderen Autofahrer auch tun würden. Nicht weil der Kaffee so gut war – der bei meinem Friseur ist trotz allem vermutlich besser –, sondern weil damit meine Erwartungen ganz und gar übertroffen worden wären.

Und selbst wenn die Polizei in unserem Beispiel schon eine Zeit lang unterwegs gewesen wäre und aus dem gut gemeinten warmen Getränk inzwischen kalter Kaffee geworden wäre, würde das die Wirkung nicht schmälern. Selbst kalter Kaffee kann, richtig serviert, also eine ganz heiße Sache sein.

PS: Sollte jemand unter den Lesern sein, der bei der Polizei ein gewichtiges Wort zu sagen hat – Sie dürfen diese Idee gerne nutzen, um das Image der Einsatzkräfte positiv zu beeinflussen.

Bedürfnisse Ihrer Kunden und Vorgesetzten zu erfüllen ist eine Sache, sie zu übertreffen noch ein ganz andere. Ersteres bringt sicher ein paar Pluspunkte auf Ihrem Wertkonto, zweiteres vermutlich sehr viel mehr.

Als Unternehmer im Unternehmen

Es war 1984 und Richard Branson befand sich auf dem Flughafen in Puerto Rico. Er wartete auf seinen British-Airways-Flug nach Großbritannien. Der Flug wurde storniert. Ersatz gab es – kurzfristig – keinen. Was hätten ich und vermutlich auch die meisten anderen in dieser Situation gemacht? Ich hätte mich zum Schalter begeben, versucht ein Ticket für den nächsten Tag zu bekommen, hätte mir einen Gutschein für ein Hotel (das die Fluglinien zumindest heutzutage im Normalfall organisieren) geben lassen, ein Taxi genommen, mich vielleicht kurz geärgert und mich dann mit der Situation abgefunden. Was sollte ich denn auch anderes machen?

Das ist die Art von Oberflächlichkeit, mit der die meisten von uns in Problemfällen nach Lösungen suchen. Nicht so Richard Branson. Er charterte kurzerhand eine ganze Maschine, schrieb auf eine Tafel: „Virgin Airlines – noch billiger als der Zug“ und bot den anderen Passagieren des stornierten Fluges Tickets für seinen Flug für 39 $ an. Das war nicht nur sein Flug nach Hause, sondern gleichzeitig auch die Geburtsstunde von Virgin Airlines.

Kann man so etwas tatsächlich machen? Ja, kann man offenbar. Allerdings würden nur ganz wenige auf eine derartige Idee kommen und nur ein paar Auserwählte (oder auch Verrückte – je nach Betrachtungsweise) würden sie dann tatsächlich umsetzen. Ich gehöre nicht dazu. Sie vielleicht auch nicht. Und genau das ist einer der ganz entscheidenden Gründe, warum vermutlich das Einkommen aller Leser dieses

Buches zusammengenommen immer noch nicht an das von Richard Branson heranreicht.

Zuständig oder verantwortlich?

Wir sind alle für das eine oder andere zuständig. In mittleren und größeren Unternehmen sind die Zuständigkeitsbereiche im Idealfall ganz genau in der Stellenbeschreibung festgehalten. Doch Halt! Ist das wirklich der Idealfall und wenn ja, für wen? Stellenbeschreibungen oder auch Regeln ganz generell führen tendenziell dazu, dass sich Menschen daran halten. Soll ja auch so sein, dafür sind sie ja schließlich da. Das könnte man als Vorteil bezeichnen. Und was ist der Nachteil daran? Ganz einfach: Dass sich die Menschen tendenziell daran halten. Wie? Was?

Das Problem mit Regeln ist,
dass sich Menschen daran halten.

Verträge, Regeln, Stellenbeschreibungen und mehr dergleichen definieren Zuständigkeiten. Und wenn jemand die Aufgaben, für die er zuständig ist, bis auf Punkt und Komma erfüllt, wenn ein angestellter Mitarbeiter alles, was in seiner Stellenbeschreibung steht, auch tatsächlich macht, kann ihm nichts vorgeworfen werden. Doch bedeutet das auch, dass er erfolgreich ist? Dass er Karriere macht? Dass sein Einkommen steigt? Dass er für seinen Arbeitgeber wertvoll ist?

Tut es nicht. All diese Punkte sind kein Ergebnis davon, seine Zuständigkeiten wahrzunehmen, sondern davon, Verantwortung zu übernehmen. Und der Unterschied zwischen beidem kann gar nicht als groß genug gesehen werden.

Verantwortung ist das, was dort beginnt,
wo die Zuständigkeit endet.

Verantwortung hat mit Initiative zu tun. Auch die Übernahme eines gewissen Risikos spielt in diesem Zusammenhang oft eine Rolle. Richard Bransons Charterflug hätte schließlich auch eine finanzielle Bauchlandung sein können. Zuständig war Branson für das, was er gemacht hat, definitiv nicht. Niemand hätte ihm etwas vorwerfen können, wenn er einfach in einem Flughafenhotel eingecheckt und auf den nächsten Flug gewartet hätte.

Ein weiterer wesentlicher Unterschied ist, dass Zuständigkeiten vergeben bzw. zugeteilt werden, Verantwortung niemals. Sie kann niemandem gegeben werden. In dem Fall würde man sie zur Zuständigkeit herabstufen. Verantwortung kann nur als solche bezeichnet werden, wenn sie sich jemand nimmt. Aktiv und aus freien Stücken. Und genau diese Unterschiede wirken sich unter anderem auch finanziell aus. Für Zuständigkeiten werden Gehälter bezahlt, oft nur die Mindestgehälter. Nur Verantwortung macht richtig wertvoll. Mit Verantwortung werden Millionen verdient. Virgin Airline und vermutlich die Mehrzahl aller Unternehmen sind aus Verantwortung heraus entstanden.

Für Zuständigkeit gibt es nur ein Gehalt,
für Verantwortung Reichtümer.

Auch wenn die Gründungsstory von Virgin Airline zugegebenermaßen grandios ist: Vielleicht wollen Sie ja gar keine Airline gründen, gar kein großes Unternehmen, vielleicht nicht einmal ein kleines. Vielleicht wollen Sie schlicht und einfach nur in etwa das, was Sie jetzt beruflich machen, auch in

Zukunft tun, nur eben besser dafür bezahlt werden. Oder Sie sind selbstständig und wollen Ihre kleine Firma einfach nur ein wenig feiner machen? Da spricht nichts dagegen. Doch – sorry, wenn ich Sie da enttäuschen muss – auch dafür reicht Zuständigkeit nicht aus.

Was ich mit der Geschichte von Richard Branson keinesfalls sagen wollte, ist, dass Verantwortung die große Bühne braucht. Vielmehr beginnt sie bereits im sehr Kleinen.

Ein ehemaliger Vorgesetzter von mir, der damalige Präsident von Samsonite Europa, war geschäftlich in Asien unterwegs. Er war eifriger Raucher von Zigarillos und wollte sich in seinem Hotel eine anzünden. Ein paar Versuche mit dem Feuerzeug führten zu keinem Ergebnis. Ein Mitarbeiter des Hotels sah das, kam zu ihm und gab ihm Feuer. So weit, so gut, könnte man sagen. Vielleicht lag sogar das schon außerhalb des Zuständigkeitsbereiches dieses Mitarbeiters, aber richtig interessant wurde es gleich danach. Der Mitarbeiter nahm ihm das Feuerzeug ab, um es aufzufüllen und ihm später auf sein Zimmer zu bringen. Das meine ich mit Übernahme von Verantwortung.

Risiko als Wertturbo

Die Praxis zeigt allerdings, dass solcherlei produktive Grenzüberschreitungen, wie ich so etwas bezeichnen würde, immer mehr zur Ausnahme werden. Der Grund dafür ist unter anderem, dass wir in einer immer stärker reglementierten Welt – in Unternehmen und auch außerhalb – leben. In vielen Bereichen würde ich sie sogar jetzt schon als massiv überreglementiert bezeichnen.

Und diese Überreglementierung führt dazu, dass immer weniger Menschen Verantwortung übernehmen und sich immer mehr in ihre Zuständigkeiten zurückziehen. Verständlich. Dort sind sie sicher, alles außerhalb ist dünnes Eis. Erschreckenderweise beobachte ich diese Verhaltenstendenz aber nicht nur bei Arbeitern oder Angestellten niedrigerer Hierarchiestufen, sondern auch bei Führungskräften, manchmal auch in sehr gehobenen Bereichen. In diesem Zusammenhang erinnere ich mich an eine Aussage eines Top-GM-Managers (der für 1/3 Europas zuständig war) während meiner Zeit bei Opel: „I am not the driver of this bus. If I would be, it would go into another direction."

Verantwortung hat also manchmal – wenn auch keinesfalls immer – auch etwas mit Risiko zu tun, denn offenbar kann es riskant sein, Regeln zu brechen und Grenzen zu überschreiten. Genau das ist auch der Grund, warum Verantwortung sehr viel besser bezahlt wird als Zuständigkeit. Das Risiko, das mit mehr Verantwortung im Zusammenhang steht, steigert den Wert derer, die bereit sind es zu übernehmen, enorm. Risikoübernahme würde ich sogar als wahren Turbo für den Wert, den Ihre Leistung in den Augen anderer hat, bezeichnen. Dass ein Geschäftsführer, der für seine Entscheidungen auch persönlich haftet, deutlich mehr bezahlt bekommt als der Arbeiter am Fließband, der diese Haftung nicht übernimmt, ist so gesehen absolut in Ordnung und keineswegs erstaunlich. Die Frage, welches Risiko wie viel wert ist, ist allerdings schwierig zu beantworten.

Das bedeutet ganz konkret, dass Ihr Einkommen in dem Maße steigen wird, in dem Sie bereit sind, von sich aus aktiv zu werden, auch wenn das nicht in Ihrer Stellenbeschreibung steht, Regeln zu brechen, Grenzen zu überschreiten und Verantwortung mit der dazugehörigen Portion Risiko zu übernehmen. Das ist der Preis, den Sie bereit sein müssen zu bezahlen, wenn Sie diesen Weg beschreiten wollen.

Machen Sie Ihre Kunden erfolgreich

Dieses Prinzip gilt allerdings nicht nur für Angestellte, sondern auch für Selbstständige und Unternehmer. Diese haben sogar noch deutlich mehr Möglichkeiten, Verantwortung zu übernehmen bzw. müssen dafür nicht einmal unbedingt feste Regeln brechen. Oftmals ist es aber zumindest der Bruch mit dem, was in einer Branche üblich ist, der damit einhergeht.

Wie weit diese Art zu denken gehen kann, zeigt der US-amerikanische Schädlingsbekämpfer „Bugs" Burger Bug Killers Inc. aus Florida. Wie viele andere Anbieter in dieser Branche hat dieses Unternehmen es sich zur Aufgabe gemacht, seine Kunden glücklich zu machen, indem es Ungeziefer und Schädlingen aller Art den Garaus machen. Und das tun sie offenbar sehr erfolgreich. Doch nicht, weil Sie die Billigsten sind. Ganz im Gegenteil hat es das Unternehmen geschafft, seinen Wert für Kunden in unglaubliche Dimensionen zu steigern. Kunden – oft Hotel- und Restaurantbetriebe – sind bereit, für die professionelle Leistung der Kammerjäger von „Bugs" teilweise das Fünffache und mehr der scheinbar vergleichbaren Angebote von Mitbewerbern zu bezahlen.

Die Strategie, die dafür fast im Alleingang verantwortlich ist, ist eine einzigartige Garantie. „Bugs" garantiert (und zeigt diese Garantie auch ganz groß und fett auf der Webseite) folgendes: Wenn die Räumlichkeiten eines Kunden trotz aller Bemühungen weiterhin von Ungeziefer befallen sein oder sogar – noch schlimmer – Gäste auf eine Kakerlake oder ähnliches Viehzeug an Stellen stoßen sollten, wo diese absolut nichts verloren haben (in der Suppe zum Beispiel oder im Bett), dann bezahlt der Kunde so lange nichts, bis „Bugs" die Plage wirklich restlos aus der Welt geschafft hat. Doch damit nicht genug. Sollte der Kunde mit der Leistung von „Bugs" dennoch nicht zufrieden sein, kann er den Vertrag kündigen und erhält bezahlte Gebühren bis zu einem ganzen Jahr rückerstattet. Immer noch nicht genug. „Bugs“ zahlt sogar die Gebühren (bis zu einem Jahr) für einen vom Kunden an seiner statt engagierten anderen Anbieter, der den Job hoffentlich besser macht. Und um das Ganze noch abzurunden, entschuldigt sich „Bugs“ beim Gast, übernimmt höchstpersönlich die Verantwortung dafür (da ist sie wieder), bezahlt die Rechnung dieses Gastes, lädt ihn – sobald das Problem gelöst ist – wieder ein und übernimmt die Kosten dafür. Im Vergleich dazu sind die meisten anderen Garantien, die tagtäglich in der Werbung angepriesen werden, mehr als zahnlos. „Was? Das soll eine Garantie sein? DAS ist eine Garantie!“, würde es Crocodile Dundee wohl ausdrücken (ich bitte um Entschuldigung für den Insidergag bei all jenen, die diesen Kinoklassiker nicht kennen sollten).

Was zeigt uns das mehr als deutlich? Die Übernahme von Risiken macht wertvoll. Menschen – seien es nun Arbeitgeber oder auch Kunden – sind bereit, dafür sehr viel mehr Geld auszugeben.

Unternehmer im Unternehmen

Wenn Sie sich erinnern, war das ja auch bereits für Georg, unseren Verkäufer, eine Möglichkeit, mehr zu verdienen. Er könnte mit ein wenig Unternehmergeist ausgestattet anbieten, bei der nächsten Gehaltserhöhung nur sein variables Gehalt – aber das dafür umso kräftiger – zu erhöhen. Wenn er erfolgreich ist, freuen sich alle, Arbeitgeber, Kunden und er sowieso. Ein klassisches Win-Win-Win.

Einer meiner Kunden, ein Zeitungsverlag, hat diesbezüglich ein interessantes Angebot für Mitarbeiter im Verkauf. Diese können sich zwischen zwei Gehaltsmodellen entscheiden. Das eine bietet ein höheres Fixum, aber einen relativ niedrigen prozentualen Provisionssatz. Beim anderen ist das Fixum niedriger, der Prozentsatz der Provisionen aber höher. Gute Verkäufer können natürlich beim zweiten Modell deutlich mehr verdienen. Das Risiko im Verkauf und auch die Verantwortung verschieben sich beim zweiten ein Stück weiter zum Mitarbeiter. Sein Wert für das Unternehmen steigt und dafür ist man bereit zu bezahlen.

Man kann also sein Einkommen erhöhen, wenn man bereit ist, dieses verstärkt an das Ergebnis seines Tuns, also an den Erfolg, zu knüpfen. Was man dazu benötigt, sind natürlich gute Fähigkeiten bei dem, was man macht, um damit die gewünschten Ergebnisse erzielen zu können, ein wenig mehr Mut, um das gestiegene Risiko zu tragen, und die Bereitschaft, echte Verantwortung zu übernehmen, anstatt nur seine Zuständigkeiten abzuarbeiten. Man könnte das auch als so etwas wie Unternehmergeist bezeichnen.

Viele Unternehmen wünschen sich so lange unternehmerisch denkende Mitarbeiter, bis sie tatsächlich einen haben.

Viele Unternehmen wünschen sich auch, dass ihre Mitarbeiter unternehmerisch denken. Doch Achtung. Bei vielen Firmen ist das nur ein Lippenbekenntnis. Viele könnten oder können mit wirklich unternehmerisch denkenden Mitarbeitern gar nicht umgehen. Diese passen oft nicht in den Rahmen, den der Arbeitgeber vorgibt. Sie würden anecken, Regeln beugen oder gar brechen, eigene (aus ihrer Sicht) bessere, produktivere aufstellen. Sie wären schwerer führbar und daher bei den meisten Vorgesetzten nicht beliebt. Aber Sie würden möglicherweise auch deutlich bessere Ergebnisse erzielen als die übrigen Mitarbeiter – vielleicht auch ganz andere.

Andererseits würden es wirklich unternehmerisch denkende Menschen als Angestellte in vielen Firmen auch nicht lange aushalten. Sie werden über kurz oder lang dort aussteigen, um tatsächlich Unternehmer zu werden.

Die grundlegende Strategie allerdings, seine Entlohnung ein stückweit (mehr) erfolgsabhängig zu machen, kann in vielen Unternehmen angedacht werden. Zugegeben, für bereits teilweise variabel entlohnte Mitarbeiter, wie Verkäufer es meist sind, ist so etwas einfacher umsetzbar. Doch auch Angestellte anderer Bereiche könnten z. B. bezüglich der Übernahme eines zusätzlichen, besonderen Projektes einen kreativen erfolgsabhängigen Vorschlag ausarbeiten und ihrem Chef präsentieren.

Doch unternehmerisches Denken innerhalb von Unternehmen nur auf erfolgsabhängige Entlohnung zu beziehen, würde aus meiner Sicht viel zu kurz greifen. Das ist eher eine Begleiterscheinung. Viel wichtiger ist es, dass man dadurch eine andere Brille aufsetzt, durch die man die (Arbeits-)Welt betrachtet. Statt in Kategorien wie Stellenbeschreibungen zu denken, stellt sich das Denken um. Statt sich zu fragen, was die eigene Aufgabe ist und was nicht, stehen vielmehr Fragen wie „Was ist ökonomisch sinnvoll und was nicht? Was produziert einen Output, der es wert ist, diesen Input zu leisten?“ im Vordergrund.

Angestellte führen oft jahrelang Tätigkeiten durch, die aus ihrer Sicht zwar wenig Sinn ergeben, aber nun mal so vorgegeben sind, und ärgern sich darüber. Unternehmer im Unternehmen bemerken diese Sinnlosigkeit ebenso, verschwenden allerdings keine Energie darauf, sich darüber zu beklagen. Vielmehr packen sie die Sache an und investieren ihre Energie in die Veränderung der Umstände.

Eine Führungskraft bei einem meiner Kunden erwähnte, dass es schwierig sei, die Vertriebsmitarbeiter dazu zu bewegen, die Besuchsberichte regelmäßig und gewissenhaft auszufüllen. Als ich ihn fragte, wer diese Berichte denn lesen würde, lautete seine ehrliche Antwort: „Niemand." „Und wer weiß das im Außendienstteam?", lautete meine nächste Frage. Seine Antwort: „Alle." „Und warum wird dann verlangt, Besuchsberichte zu schreiben, die niemand liest?", wollte ich wissen. „Die Zentrale in Frankreich will das so", antwortete er. Ohne ihn danach zu fragen, war ich vollkommen überzeugt, dass auch in Frankreich kein Mensch diese Besuchsberichte lesen würde.

Als angestellte Führungskraft würde man in dieser Situation verständlicherweise Möglichkeiten suchen, um die Verkäufer dazu zu motivieren, ihre Besuchsberichte dennoch zu schreiben. Als unternehmerisch denkende Führungskraft würde man seine Energie stattdessen in folgende Aufgabenstellungen bzw. Fragen investieren: „Wie kann ich die Zentrale davon überzeugen, Besuchsberichte abzuschaffen?" oder vermutlich noch besser: „Wie kann ich aus den Besuchsberichten ein Instrument machen, das für Unternehmen und Mitarbeiter einen echten Mehrwert schafft?" Das wären zwei aus Unternehmersicht sehr viel sinnvollere, weil produktivere Fragen.

Ich bin felsenfest davon überzeugt, dass ein Mitarbeiter, der wahrhaft unternehmerisches Denken entwickelt (und es dabei schafft, sein Umfeld schrittweise daran heranzuführen), sich um seine Karriereentwicklung keine Sorgen machen muss und das Problem, „sich unter Wert zu verkaufen", nur mehr von anderen kennt.

More Risk, more Fun

Selbstständige und Unternehmer sind in diesem Punkt wie gesagt bereits einen entscheidenden Schritt weiter, sonst wären sie nicht, was sie sind. Und doch gibt es von da aus noch sehr viel Entwicklungspotenzial. Von gesetzlichen Rahmenbedingungen abgesehen, betreiben Selbstständige ihr Geschäft nach Regeln, die sie selbst festlegen. Auch wenn alle anderen Mitbewerber anders agieren, bedeutet das nicht, dass man sich den Branchenusancen anpassen und das ebenso machen muss. Das Beispiel „Bugs" zeigt das deutlich.

Wie weit können also Risiken, die zuvor der Kunde trug, übernommen werden? Sehr weit. Sehr, sehr weit. Einfach dadurch, dass man statt einer Leistung ein Ergebnis verkauft. Denn Kunden wollen im Grunde keine Leistungen, sie wollen Ergebnisse.

Eine SEO-Agentur (die Webseiten optimiert, damit diese bei Google möglichst weit vorne erscheinen) könnte 100 Arbeitsstunden verkaufen, in denen an der Webseite des Kunden gearbeitet wird. Schön und gut, aber dem Kunden ist vollkommen egal, wie lange die Agentur arbeitet. Sie erinnern sich daran, dass Kunden egoistisch sind und ihre Bedürfnisse erfüllt bekommen wollen. Und das Bedürfnis keines Kunden – wage ich zu behaupten – ist es, dass irgendein Dienstleister möglichst viele Stunden an seiner Webseite arbeitet. Das Risiko liegt hier zu 100 % beim Kunden und die Verantwortung ebenso. Es ist demzufolge mehr als verständlich – sollte der Kunde überhaupt gewillt sein, ein solches Angebot anzunehmen –, dass er einen möglichst niedrigen Stundensatz zahlen wollen würde.

Dieser würde allerdings steigen, wenn unsere SEO-Agentur ihr Angebot verändert und mehr Risiko und Verantwortung übernimmt. Zum Beispiel könnten statt 100 Stunden Leistungszeit 50 suchmaschinenoptimierte Blogbeiträge angeboten werden. Das wäre für mich als potenziellen Kunden schon interessanter. Schließlich wird mir ein Ergebnis und nicht nur eine Leistung zugesagt. Wäre ich bereit, mehr dafür zu bezahlen? Vermutlich wäre ich das. Doch ein guter Teil des Risikos liegt immer noch beim Kunden. „Sind die Beiträge gut genug, um bei Google-Suchen auf der ersten Seite zu landen?", könnte man sich als Kunde berechtigterweise fragen. Das würde sich erst in der Zukunft zeigen. Aber immerhin wäre die Wahrscheinlichkeit, mein gewünschtes Ergebnis – viele Besucher auf meiner Webseite – bei Version zwei deutlich gestiegen; der Wert und damit der Preis ebenso.

Doch es geht besser. Eine weitere, noch wertvollere Variante könnte sein, dass die Agentur weder Leistungsstunden noch optimierte Blogbeiträge anbietet, sondern Platzierungen für vom Kunden definierte wichtige Keywords auf Seite eins bei Google. Damit übernähme die Agentur die Verantwortung dafür, dass die professionell gemachten Blogbeiträge auch tatsächlich bei Google weit vorne ranken. Das ist schon recht weit fortgeschritten, was die Wertsteigerung betrifft. Aber ist es für den Kunden wirklich wichtig, mit seinen Suchbegriffen bei Google auf der ersten Seite zu sein? Ich gebe zu, fürs Ego könnte das bei so manchem Auftraggeber schon eine gewisse Rolle spielen. Betriebswirtschaftlich betrachtet ist aber selbst das in diesem Zusammenhang egal. Was ich als Kunde letztlich will, ist, dass Google möglichst viele passende Besucher auf meine Webseite schickt. Ob diese von Seite fünf oder eins bei Google kommend bei mir landen, ist mir letztlich vollkommen egal. So gesehen wäre es mehr als logisch und konsequent, wenn die Agentur genau das anbietet und ihren Kunden eine gewisse Anzahl von Webseitenbesuchern von Google verschafft. Das ist es schließlich, was Kunden in diesem Zusammenhang wirklich wollen. Und abermals würde dadurch der Wert der Leistung deutlich steigen. Das Risiko und die Verantwortung für das Ergebnis liegen ganz bei der Agentur. Der Preis dafür wäre natürlich ein höherer als bei den anderen Varianten. Die Agentur könnte einen bestimmten Betrag pro Besucher verlangen und – vorausgesetzt, sie versteht ihr Handwerk – sehr viel mehr verdienen als damit, bloße Leistungsstunden zu verkaufen. Anders als bei den Leistungsstunden sind bei der letzten Variante dem Einkommen der Agentur nach oben auch keine Grenzen gesetzt – außer man vereinbart solche mit dem Kunden.

Auch in ganz anderen Tätigkeitsbereichen ist Ähnliches möglich. Es gibt Schauspieler, die genau auf diese Art und Weise Vermögen verdient haben. Ob „Twins" der beste Film mit Arnold Schwarzenegger in der Co-Hauptrolle mit dem großartigen Danny de Vito ist, kann diskutiert werden. Auf jeden Fall war es der für ihn finanziell erfolgreichste. Warum? Schwarzenegger hat die Verantwortung für das Ergebnis übernommen. Er hatte für seine Rolle in Terminator immerhin stolze 29 Millionen US-$ erhalten und hätte vermutlich auch für seinen Part in Twins einen ansehnlichen Millionenbetrag bekommen können. Doch er verzichtete auf die Gage und handelte stattdessen einen 20-%-Anteil an den Einnahmen plus diverse Zusatzboni heraus. Der Film erzielte über 200 Millionen an Einnahmen und lohnte sich entsprechend für ihn.

Man könnte zusammenfassend also sagen – und das gilt für Angestellte und Selbstständige bzw. Unternehmer gleichermaßen –: Es gibt wenig, was so sehr wertsteigernd wirkt wie Ihre Bereitschaft, Verantwortung für Ergebnisse zu übernehmen statt nur dafür, dass Sie eine gewisse Anzahl von Stunden arbeiten. Wenn Sie nur Zeit gegen Geld tauschen, stoßen Sie relativ rasch an Grenzen – schon alleine deshalb, weil auch Ihr Tag nur 24 Stunden hat. Damit sind nur mäßige, bestenfalls mittelmäßige Einkommen erzielbar. Spitzengehälter, -honorare und -einkommen erzielen meist jene, die es geschafft haben, ihre Leistung von der Zeit, die sie dafür aufwenden, zu entkoppeln und Ergebnisse zu verkaufen.

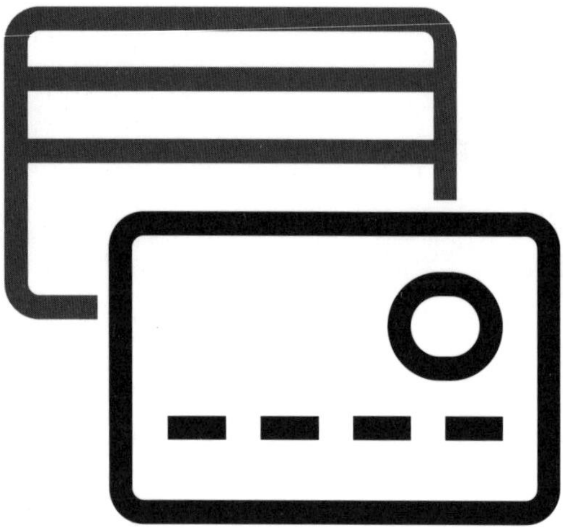

Erhandeln statt erhoffen

Es gibt Situationen, in denen wir das bekommen, was wir erwarten, das, was uns unserer Ansicht nach zusteht. Einfach so. Und wenn das der Fall ist, dann nehmen wir das natürlich dankend an und freuen uns. Doch in den vielen anderen Fällen bekommen wir das, was wir verhandeln. Statt zu hoffen, dass wir etwas bekommen, könnten wir also die Initiative ergreifen und darüber verhandeln.

Er-handeln statt er-hoffen.

Gute Verhandlungen werden von ein paar Grundprinzipien bestimmt, auf die ich in diesem Kapitel näher eingehen werde. Es kommen dabei nicht all die Strategien, Techniken und Tricks, mit denen man bei Verhandlungen besser abschneidet, zur Sprache. Diese gibt es natürlich (ich selbst habe das Thema bereits in mehreren Büchern umfassend behandelt), sie würden den Rahmen dieses Buches aber bei Weitem sprengen.

Allerdings bin ich fest davon überzeugt, dass Sie allein mit den paar Grundprinzipien hier Grundlegendes bewegen und ein schönes Stück vorankommen können.

Diese Prinzipien knüpfen an die letzten drei Kapitel an, bauen darauf auf und überschneiden sich zum Teil mit diesen.

Gute Beziehungen, gute Ergebnisse

Zur Verhandlungsführung wurde folgendes interessante Experiment gemacht. Es ging um einen fiktiven Wirtschaftsdeal, den zwei Verhandlungspartner aushandeln sollten. Die beiden kannten sich nicht und die Verhandlungen wurden per E-Mail geführt. In der Studie ging es vor allem darum, zu erfassen, wie häufig die beiden Parteien überhaupt zu einem Ergebnis kamen.

In der zweiten Phase der Studie wurde eine einzige Sache geändert: Statt die beiden Verhandelnden unbekannterweise aufeinander loszulassen, gab man ihnen vorab ein wenig Zeit, um sich persönlich auszutauschen und sich ein wenig kennenzulernen. Die restlichen Rahmenbedingungen blieben unverändert. Und das Ergebnis? Vermutlich können Sie es bereits erraten: Die Wahrscheinlichkeit, dass die beiden zueinander und damit auch zu einer Lösung fanden, stieg deutlich an. Die Lernerfahrung daraus ist also ganz klare: Mit Menschen, die man kennt, verhandelt es sich erfolgreicher, zumindest dann, wenn das Kriterium ist, die Verhandlungen zu einem konkreten Ergebnis zu führen.

Doch Achtung. Die Gefahr, die dieser aufgebauten guten Beziehungsebene entspringt, ist, dass man in seiner Art und Weise zu verhandeln weicher wird. Jemandem, den man gut kennt und vielleicht sogar mag, wird man die metaphorische Hose nicht bis zu den Knöcheln oder darüber hinaus hinunterziehen. Allerdings gilt das für alle Beteiligten. Daher ist das nächste Prinzip von großer Bedeutung. Das bedeutet, dass eine solide bis ausgezeichnete Beziehung zu anderen förderlich ist, um das zu erhalten, was man möchte, wenngleich man sich der vielschichtigen Auswirkungen der Beziehung auf die Verhandlung bewusst sein muss.

Hart und weich zugleich

Meist werfen wir bei Verhandlungen alles in einen Topf: die Person bzw. die Beziehung zu dieser und die Sache selbst. In Bezug auf jede der beiden Komponenten kann unsere Vorgehensweise hart oder weich sein. Konkret, anhand eines Beispiels, würde „Hart/Hart“ in einer Gehaltsverhandlung in etwa so klingen: „Ich habe ein Angebot von einem anderen Unternehmen, das mir 500 € pro Monat mehr bezahlt als das, was ich hier verdiene. Entweder Sie können das toppen oder ich bin eben weg. Andere Mütter haben auch schöne Töchter.“

Das ist klar und hart in diesem Fall, gleichzeitig aber auch nicht wirklich wertschätzend der Person gegenüber. Das fällt uns dann relativ leicht, wenn wir den Verhandlungspartner nicht besonders gut leiden können, wenn wir ihn ohnehin nicht als Kunden haben wollen oder die Entscheidung, das Unternehmen zu wechseln, bereits so gut wie getroffen ist. Auch für den Arbeitgeber ist es bei so einer Ansage vermutlich einfacher, den Mitarbeiter – auch wenn er eine gute Leistung erbringt – ziehen zu lassen. Schließlich will man sich – gute Leistung hin oder her – nicht erpressen lassen.

Dann gibt es da noch das andere Extrem „Weich/ Weich“. In derselben Situation würde das in etwas so klingen: „Sie wissen ja, wie gerne ich hier arbeite und wie sehr ich die Zusammenarbeit mit Ihnen schätze. Und was mein Gehalt angeht, da werden wir uns schon irgendwie einigen. Das Wichtigste ist das ja schließlich auch nicht.“ Der Mitarbeiter wird in diesem Fall insofern recht behalten, dass sie sich irgendwie einigen werden. Ob das Ergebnis allerdings für ihn vorteilhaft ist, bleibt fraglich. Solche Formulierungen wirken zu weich und entgegenkommend.

Hart in der Sache, weich zur Person.

Die optimale Lösung liegt wie so oft im Leben in der Mitte – hart und weich zugleich. Und das klingt dann in etwa so: „Ich arbeite wirklich gerne hier, mein Job mit seinen Herausforderungen macht mir echt viel Spaß und ich schätze Sie als Vorgesetzten und Ihre Art im persönlichen Umgang sehr. Gleichzeitig weiß ich, dass ich in vergleichbaren Jobs bei anderen Unternehmen deutlich mehr verdienen könnte. Wir sprechen von mindestens 500 € Unterschied. Ich hoffe, Sie können verstehen, dass das etwas ist, was mir sehr zu denken gibt und wofür wir dringend eine Lösung finden müssen." Damit ist klar: Ich will dich und ich will mehr. Diese Mischung von „Hart in der Sache und weich zur Person" ist etwas, was uns häufig nicht leichtfällt. Hart/hart und weich/weich sind da deutlich einfacher umzusetzen. Und dennoch ist es der Weg, der zu respektablen Ergebnisse führt – vor allem dann, wenn man ihn mit den anderen Prinzipien kombiniert.

Alle sind Sieger

Mit Verhandlungen, in unserem Fall speziell auch mit solchen, wo es um Honorare oder Gehälter geht, assoziieren wir meist sofort, dass es am Ende Gewinner und Verlierer gibt. Dass das so sein kann (und des Öfteren auch so ist), scheint klar. Doch das bedeutet nicht, dass es so sein muss. Ganz im Gegenteil. Bei den guten, den wirklich gelungenen Verhandlungen fühlen sich alle Verhandlungspartner als Gewinner. Das klassische Win-Win ist das Ergebnis.

Um eine Chance darauf zu haben, muss zuerst einmal klar sein, wann sich jemand als Gewinner fühlt und wann er das Gefühl hat, als Verlierer aus der Verhandlung gegangen zu sein. Ums Geld geht es dabei oft nur vordergründig und im Grunde oft gar nicht, sondern um – wie in einem vorangegangenen Kapitel erwähnt – die Erfüllung der jeweiligen Bedürfnisse.

So kann es durchaus aus dem Berufsleben gegriffen sein, wenn ein Mitarbeiter zum Chef Folgendes sagt: „Chef, mir ist schon klar, das Geschäft läuft gerade nicht so toll und daher sieht es mit Gehaltserhöhungen zurzeit vermutlich schlecht aus. Aber eine Bitte habe ich trotzdem: Können Sie nicht wenigstens dem Mayer weniger bezahlen?" Das Bedürfnis nach Fairness und Gleichbehandlung kann – wie in diesem Beispiel – gewichtiger sein als jenes, selbst mehr zu verdienen. Es ist sogar sehr verbreitet. In Studien unter US-amerikanischen Investmentbankern, deren Jahresgehälter 300 000 US-$ und teilweise auch noch sehr viel mehr betragen, kam zutage, dass selbst diese recht sensibel auf teilweise kleine Unterschiede zu Kollegen reagierten. Es geht nicht (unbedingt) ums Geld, sondern um die Faktoren, die uns glücklich und zufrieden machen.

Das bedeutet: Je besser man seine eigenen Bedürfnisse und jene des Verhandlungspartners kennt, umso leichter ist ein echtes Win-Win erreichbar.

Es muss nicht immer Geld sein

Ok, wir wollen uns nicht unter Wert oder nicht zu billig verkaufen, aber bedeutet das, dass unbedingt mehr Geld fließen muss? Nein, tut es nicht.

Eine Kundin von mir, Trainingsverantwortliche in einem großen Pharmaunternehmen, fühlte sich unter Wert verkauft und wollte als Anerkennung mehr von ihrem Arbeitgeber erhalten. Mehr Gehalt war natürlich das primäre Ziel, doch gerade bei Konzernen ist das manchmal schwierig zu erreichen. Daher haben wir gemeinsam überlegt, wovon sie noch profitieren würde und was ihr das Gefühl geben würde, entsprechend ihrem Wert für das Unternehmen entlohnt zu werden. Wir kamen rasch auf ein paar interessante Alternativen. Mehr freie Tage bzw. kürzere Arbeitszeiten waren ein Wunsch, denn sie hatte gerade eine nebenberufliche Weiterbildung begonnen, für die sie mehr freie Zeit gut gebrauchen konnte und die natürlich auch Geld kostete. Letztlich war das Verhandlungsergebnis, das sie auch sehr zufriedenstellte, eine Mischung aus mehr Gehalt, mehr freier Zeit und einem Zuschuss zur Weiterbildung.

Wir sprechen in diesem Zusammenhang von sogenannten Verhandlungsfeldern (Verhandlungsfronten nenne ich sie ganz bewusst nicht, da diese Bezeichnung zu sehr Konfrontation und Kampf impliziert). Das sind Bereiche und Themen, über die man sprechen könnte, um die aktuelle Bezahlung der eigenen Vorstellung anzugleichen. Das Grundprinzip lautet, dass sich jene am besten als Verhandlungsobjekt eignen, die Ihnen viel bringen – sei es real oder emotional – und vom anderen – Ihrem Arbeitgeber oder Kunden – relativ leicht und schmerzfrei gegeben werden können. Es ist nicht die Ausnahme, sondern der Normalfall, dass man sich bestimmter Budgettöpfe relativ leicht bedienen kann, obwohl in anderen Bereichen das Geld sehr knapp ist.

Neben mehr Zeit und der Bezahlung von Aus- und Weiterbildungen könnten das natürlich auch Dinge wie Firmenautos, Tablets oder Smartphones sein. Ebenso sind alle Arten von steuerbegünstigten Leistungen – welche das sind, ist von Land zu Land unterschiedlich und ändert sich auch ständig – natürlich eine sehr interessante Sache.

Auch bevorzugte Behandlungen, die nicht unmittelbar mit dem Gehalt zu tun haben, sind interessant. So empfand ich es als sehr wertschätzend, dass ich nach Abschluss meines Studiums bereits ein paar Monate, nachdem ich meinen ersten Job im Key-Account-Verkauf eines Computerherstellers angetreten hatte, bei der jährlichen großen Incentivereise nach Australien dabei sein durfte. Ich war eigentlich noch viel zu frisch dabei, als dass meine Leistungen eine solche Belohnung gerechtfertigt hätten. Natürlich hat das meinen Arbeitgeber Geld gekostet, aber der motivatorische Nutzen war deutlich höher als die Kosten. Heute noch, mehr als 30 Jahre später, steht ein Mitbringsel von dieser Reise auf meinem Schreibtisch. Zwei- oder dreitausend Euro Extrabonus (was die Reise umgerechnet vielleicht gekostet hat) hätten mich auch gefreut, wären aber schon sehr lange vergessen.

Für alle selbstständigen Leserinnen und Leser gilt das Geschriebene im Grundsatz genauso. Wenn sich der Kunde mit dem Honorar schwertut, dann findet sich meist etwas anderes, das ihm leichter fällt – eine Gegenleistung, Ausgaben für Spesen, die von einem anderen Budget bedient werden, oder auch zusätzliche Aufträge, die den Kuchen, den es aufzuteilen gilt, größer machen.

Flexibilität ist also wichtig, wenn man sein Ziel erreichen will. In diesem Zusammenhang fällt mir ein Kunde ein, ein großer Konzern, der einen größeren Auftrag zu vergeben hatte. Mein Angebot gefiel ihnen, meine Honorarforderung hingegen weniger. Das konzerninterne Limit für Beratungsleistungen jeglicher Art lag bei 2000 € pro Tag und damit deutlich unter meiner Vorstellung. Selbst wenn meine Ansprechpartner es gewollt hätten, wäre es extrem schwierig gewesen, mich zum geforderten Honorar zu beauftragen und die Aussicht, mich durch alle möglichen Instanzen und Bereiche zu verhandeln, war keine sehr prickelnde. Wir kamen auf eine andere, bessere, pragmatische und vor allem schnelle Lösung: Ich erstellte ein neues Angebot, in dem ich bestimmte Leistungen, die im vorigen bereits im Tagessatz inkludiert gewesen waren, gesondert auswies. Dadurch nahm die Anzahl der Tage zu, der gesamte Betrag blieb aber derselbe. Dieses neue Angebot konnte dann sehr einfach und rasch angenommen werden.

Wir hatten ja im vorhergehenden Kapitel darüber gesprochen, zusätzliche Risiken für den Kunden oder auch Arbeitgeber zu übernehmen. Je mehr Sie dazu bereit sind, desto mehr Verhandlungsfelder und Alternativen werden sich auftun. Doch Achtung, durch all das werden Ihre Verhandlungen auch deutlich komplexer, als wenn Sie einfach nur mehr Geld fordern.

Vorbereitung ist 90 % des Erfolges

Und gerade, wenn es komplexer wird, ist Vorbereitung ein extrem wichtiger Erfolgsfaktor. Auf spannende und erfolgversprechende Ideen für die soeben besprochenen Verhandlungsfelder kommt man nicht in der Hitze des Gefechtes (oder Gespräches, wenn es nicht so militant sein soll). Da braucht es schon ein wenig Denkarbeit. Das eine oder andere muss vorab auf Umsetzbarkeit überprüft werden. Und vor allem: Ein konkretes Ziel muss her. Wenn man nicht weiß, wo man hinwill, stehen die Chancen schlecht, dort anzukommen.

Doch EIN Ziel ist noch nicht der Idealzustand. Zwei wären besser. Einerseits das Minimalziel, das man nicht erreichen will, sondern nur zur Absicherung nach unten definiert. Schlechter als dieses darf das Ergebnis nicht werden. Dieses Ziel gibt Sicherheit, man sollte es aber wieder geistig beiseitelegen. Es besteht sonst eine gewisse Gefahr, sich zu stark darauf zu fokussieren und dann auch nur die Minimalforderung zu erreichen.

Was man erreichen will, ist das zweite, das richtige, das Optimalziel, das natürlich über dem Minimalziel liegt – klarerweise. Das ist auch jenes, auf das es sich zu fokussieren und das es zu erreichen gilt.

Von Motorradfahrern stammt ein Rat, der sich recht gut auf das gesamte Leben übertragen lässt: Beim Fahren von Kurven soll man nicht dahin schaut, wo man hinfährt, sondern dahin, wo man hinfahren will.

Vorbereitung ist der Grundstein des Selbstvertrauens.

George Washington

Vorbereitung erfüllt aber noch einen weiteren, mindestens ebenso wichtigen Zweck: Sie stärkt unser Selbstvertrauen und gibt uns das Gefühl, mit der bevorstehenden Situation umgehen zu können. Ganz im Sinne einer selbsterfüllenden Prophezeiung werden wir gut vorbereitet solche Situationen dann auch erfolgreicher bewältigen.

Der längere Atem

Wir können zusammenfassen: professionelle Vorbereitung, eine gute, vertrauensvolle Beziehungsebene, kreative Ideen für erfolgversprechende Verhandlungsfelder und der Fokus auf ein Win-Win sind bei Verhandlungen wichtig. Oft erreicht auch derjenige, der den längeren Atem hat und mehr Hartnäckigkeit an den Tag legt, sein Ziel eher oder öfter. Denn bisweilen wird einem der Partner die Verhandlung auch schlichtweg zu mühsam und er lässt dem anderen seinen Willen und steigt auf dessen Vorschläge bzw. Forderungen ein.

Warum Selbstbetrug viel besser ist als sein Ruf

In meiner bisherigen beruflichen Laufbahn war ich viele Jahre als Unternehmer in verschiedenen Bereichen des Franchisings tätig. Meinen Einstieg in die Franchisewelt machte ich 2002 bei einem österreichischen Franchisesystem, das Seminare im Bereich Verkauf und Führung anbot. Zuerst baute ich als einer der ersten Franchisenehmer in Österreich das System mit auf und aus, um es dann 2006 als Franchisegeber und -nehmer nach Deutschland zu bringen. 2005 war ich in Österreich – gemessen an den Umsätzen – sehr erfolgreich: Mit mehr als einer halben Million Euro hatte ich den bis dahin höchsten Umsatz erzielt.

Finanziell und mental gestärkt, verkaufte ich meinen österreichischen Franchisebetrieb und wagte den Schritt nach Deutschland. Ich fühlte mich alles in allem gut gerüstet für das große Projekt: Ich hatte jahrelange Erfahrung und viel Erfolg vorzuweisen, kannte deutsche Kunden von anderen Aufträgen her und hatte auch schon in Köln gelebt und gearbeitet. Umso härter traf es mich, dass ich in meinem ersten Jahr in Deutschland nur einen einzigen Trainingsauftrag und diesen mit nur einem einzelnen Tag an Land zog. Einen! Ich konnte es kaum fassen und fragte mich immer und immer wieder: Wie kann das sein? Was mache ich falsch?

Ich hätte es ja verstanden, wenn ich einen langsamen Start hingelegt hätte. Ich hatte es sogar erwartet. Aber einen einzigen Tag!? Und noch dazu geschah Folgendes: Ich wollte bei meinem ersten und einzigen Auftrag in diesem Jahr natürlich keinerlei Risiko eingehen und beauftragte eine meiner erfolgreichsten und qualifiziertesten Trainerinnen. Und was soll ich sagen, sie hat es verbockt. Das Feedback des Kunden war ausgesprochen schlecht, was sonst so gut wie nie vorkam. Zur Reklamationsbehandlung habe ich dem Kunden dann für den Seminartag nichts berechnet. Er war zufrieden, ich unzufriedener als zuvor. Die Suche nach den Ursachen für die veritable Flaute ging weiter.

Mein zu Beginn des Deutschland-Abenteuers noch sehr solides Selbstbewusstsein hatte inzwischen einige Dellen und Schrammen abbekommen. Ich zweifelte an mir und meinen Fähigkeiten, Seminare zu verkaufen – oder genauer gesagt: Seminare in Deutschland zu verkaufen. Diesbezügliche Glaubenssätze begannen sich zu bilden und in meinem Denken festzusetzen. Das war mir bewusst und mir war auch bewusst, wie gefährlich das war. Rational war mir natürlich klar, dass diese Selbstzweifel schlicht Blödsinn waren. Doch wie immer, wenn Emotionen und Glaubenssätze im Widerspruch zur Vernunft stehen, hatte auch in diesem Fall die Vernunft schlechte Karten.

Mir war klar, dass etwas geschehen musste. Ich musste endlich wieder erfolgreich sein, um mir so zu bestätigen, dass ich nach wie vor erfolgreich sein konnte.

Die Frage, die ich mir immer und immer wieder stellte, war: „Wie kann ich diesen Teufelskreis durchbrechen?“ In vielen Gesprächen mit mir selbst und meiner Frau, die praktischerweise auch Business-Coach ist, wurde mir eine scheinbar nebensächliche Kleinigkeit bewusst. Ich fuhr damals einen Opel Zafira, der inzwischen schon in die Jahre gekommen war. Mir wurde bewusst, wie erfolglos ich mich mit bzw. in diesem Wagen fühlte. Erfolgreiche Unternehmer, so sagte mir mein

Gefühl, fahren keinen Opel, der noch dazu seine besten Zeiten bereits weit hinter sich gelassen hat.

Wir hatten folgende Idee: Weg mit dem alten Opel und her mit einem Fahrzeug, das erfolgreiche Unternehmer fahren würden. Schritt eins: Ich verkaufte den Zafira für ein paar Tausend Euro an irgendeinen Opel-Händler. Schritt zwei: Ich ging zu Sixt und mietete mir im nächsten halben Jahr monatsweise jeweils etwas Schickes, nichts wirklich Protziges, aber etwas, das mich ein wenig mit der Aura des Erfolgreichen umgab, wenn ich damit fuhr. Und tatsächlich: Ich fühlte mich in diesen Autos – jeweils nagelneue E-Klasse Mercedes, BMW 5er, Audi A6 etc. – anders, besser und erfolgreicher. Schon das Wissen, ein ordentliches Auto zu fahren, machte etwas mit mir.

Oberflächlich? Vielleicht. Leicht beeinflussbar? In diesem Fall ja, zum Glück. Als ob ich mit den neuen Autos einen Schalter umgelegt hätte, der auch den Erfolg meines Geschäftes einschaltete. In den nächsten Wochen und Monaten kamen die Anfragen und Aufträge nur so herein. Am Ende der nächsten 12 Monate konnte ich beachtliche 330 000 € Umsatz verzeichnen und alle durchgeführten Seminare waren wie gewohnt hervorragend gelaufen.

Wenn Sie jetzt denken: „Das war doch Zufall! Der Mann hat ja schließlich in der Zeit, in der er nichts verkauft hat, Kontakte aufgebaut und den einen oder anderen Grundstein für die kommenden Erfolge gelegt", dann kann ich Ihnen nicht einmal widersprechen. Natürlich hatte ich das. Und ja, möglicherweise wäre ich auch erfolgreich gewesen, wenn ich meinen Opel noch ein Jahr länger gefahren wäre.

Was ich aber ganz sicher weiß, ist, dass das Fahrzeug meine Emotionen und Glaubenssätze beeinflusst hat. Es hat mein Selbstvertrauen wieder gestärkt und meinen auf dem Boden liegenden Selbstwert gesteigert. Und das ist auch die wesentliche Lernerfahrung aus dieser Geschichte. Es geht nicht darum, dass Sie, meine geschätzten Leserinnen und Leser, sich jetzt alle von Ihren nicht mehr taufrischen fahrbaren Untersätzen trennen und auf etwas deutlich Tolleres umsteigen, wenngleich das in einzelnen Fällen durchaus einen ähnlichen Einfluss ausüben kann wie in meinem Fall. Es geht um etwas Grundlegenderes, wofür ich kurz ausholen möchte.

Unsere Emotionen und Glaubenssätze sowie unser Selbstwert beeinflussen unseren Körper, unsere Handlungen und damit die Welt im Außen. Ein einfaches Beispiel: Wenn wir frustriert oder gar deprimiert sind, nehmen wir ganz automatisch eine bestimmte Körperhaltung ein: hängender Kopf, hängende Schultern und nach unten gerichteter Blick. Unsere Stimme wird meist leiser, wir sprechen langsamer und die Betonung ändert sich. Man sieht uns unseren emotionalen Zustand sofort an. Wenn wir uns hingegen über etwas sehr freuen, ist auch das meist ganz klar erkennbar. So weit, so gut.

Was vielen allerdings nicht so bewusst ist: Das Außen hat seinerseits eine ebenso starke Wirkung auf das Innen, auf Emotionen, Glaubenssätze und damit auch auf den Selbstwert. Das heißt, wir können durch Dinge, die wir besitzen oder nutzen, durch Menschen, mit denen wir uns umgeben, durch die Orte, an denen wir uns aufhalten, durch Musik, die wir hören, durch Kleidung, die wir tragen, durch so gut wie fast alles im Außen unser Innenleben beeinflussen.

Tiefgehende Oberflächlichkeit

Und wenn Sie jetzt meinen sollten, dass Sie sich nicht für so oberflächlich und leicht beeinflussbar halten, dann beantworten Sie sich folgende Frage: Fühlen Sie sich anders, wenn Sie eine abgetragene Jogginghose und ein in die Jahre gekommenes

T-Shirt anhaben, als wenn Sie einen perfekt sitzenden Anzug bzw. ein ebensolches Kleid oder Kostüm tragen? Glauben Sie, dass Sie ganz automatisch eine andere Körperhaltung einnehmen, die wiederum eine gewisse Auswirkung auf Ihr Denken und Ihre Gefühle hat? Wenn Sie sich eine ehrliche Antwort geben, dann wird diese vermutlich lauten: Ja. Und genau das hat mein Autotausch bewirkt – von außen nach innen.

Ist das nicht Selbsttäuschung, Selbstbetrug sogar? Das könnte man durchaus so sehen. Doch auch wenn Täuschung und Betrug typischerweise und meist zu Recht als etwas Negatives gesehen werden, muss das deshalb nicht in jedem Fall so sein. Was, wenn durch Täuschung und Betrug in diesem Fall etwas Positives bewirkt wird? Könnte man da nicht ausnahmsweise dem Zweck fairerweise zugestehen, dass er die Mittel heiligt? Für mich selbst lautet die klare Antwort: Wenn es mir nützt und dazu führt, dass es mir in irgendeiner Art und Weise besser geht und es anderen nicht schadet, dann täusche und betrüge ich mich sehr gerne – nach Strich und Faden sogar.

Und wenn man das für moralisch vertretbar hält, tut sich – je nach persönlichen Vorlieben – eine ganze Welt von Möglichkeiten auf, um sich vorzutäuschen, man sei etwas oder jemand, der man sein möchte, aber noch nicht ist. Tatsächlich tun wir das ohnehin die ganze Zeit über. Wir beeinflussen tagtäglich unser Selbstbild durch eine Vielzahl oft kleinster Handlungen.

Denken wir nochmal an den Anfang des Buches: Immer, wenn wir uns etwas nicht gönnen, senden wir unserem Unterbewusstsein eine Botschaft. Diese lautet „Du bist das nicht wert“ oder könnte zumindest so verstanden werden. Dabei geht es nicht so sehr um die großen Dinge und Anschaffungen, die richtig viel Geld kosten und von denen man aus sehr guten und wirtschaftlich vernünftigen Gründen vorerst Abstand nimmt. Viel heimtückischer sind die kleinen, jene, die finanziell kaum eine Auswirkung haben.

So könnte man etwa zum Essen im Restaurant ein Glas Wein trinken wollen. Der Cabernet Merlot, ganz am Ende der Liste, springt uns gleich ins Auge, weil wir ihn schon einmal getrunken haben und er ausgezeichnet war. Unser Blick schweift kurz nach rechts. Unser nächster Gedanke ist: „Das sollte er auch sein bei diesem Preis. 8,90 € für ein Glas Wein ist schon ganz schön happig." Ein Stück weiter oben finden wir dann einen spanischen Rioja, der sicher auch sehr gut und mit 5,90 € finanziell weniger schmerzhaft ist. Der wird es dann auch. Er schmeckt und wir haben 3 € gespart – aber die Botschaft ans Gehirn bleibt: „Mehr bist du nicht wert."

Aber man kann den Mechanismus auch umdrehen und dann eben eine ganz andere Botschaft vermitteln. Letztlich geht es darum, mit einem absolut vertretbaren finanziellen Aufwand das Maximum an Wirkung im Sinne der positiven Selbsttäuschung, von der wir zuvor gesprochen hatten, herauszuholen.

Einfach wäre es, mit Dingen zu beginnen, die leistbar sind, aber dennoch die Botschaft „Ich bin es mir wert" vermitteln. Die ganz besondere Tafel Schokolade, die Flasche Wein für spezielle Anlässe oder auch mal das Dinner im Gourmettempel. Es geht dabei weniger um den tatsächlichen Preis, als vielmehr um den Wert, den wir der Sache beimessen und dass wir sie bewusst zelebrieren. Das bedeutet, wenn jemand lieber selbst kocht und das auch wirklich kann, dann kann man diesen kleinen Luxus ganz sicher in der eigenen Küche ebenso auskosten wie im Spitzenlokal. Und jedes Mal, wenn man sich so einen kleinen Luxus gönnt, erhält der Selbstwert eine Portion emotionale Stärkung.

Benutzen statt besitzen

Das Zauberwort, um sich dem Gefühl auszusetzen, deutlich mehr Einkommen zu haben, als man aktuell hat, lautet: „Kurzzeitmiete". Statt Dinge, die man sich gönnen würde, wenn das Einkommen schon dort wäre, wo es sein sollte, zu kaufen – ein verbreiteter Fehler, selbst bei sehr Wohlhabenden und Reichen –, ist es meist sehr viel klüger, diese Dinge kurzzeitig zu benutzen, anstatt sie auf Dauer zu besitzen.

Ein Luxusauto mag oft nicht empfehlenswert sein, für ein oder zwei Tage eines zu mieten und zu fahren, allemal. Wenn es zurzeit noch nicht möglich ist, eine schicke Dachgeschosswohnung in guter Lage mit Blick über die Stadt zu kaufen oder auf Dauer zu mieten, so ist es ganz einfach, das für ein Wochenende zu tun. Wenn man ein wenig auf Airbnb stöbert, wird man erstaunt sein, was da für tolle Luxusbleiben zu überschaubaren Beträgen (vor allem in den Nebensaisonen) angeboten werden. Und es gibt in größeren Städten sowie online auch Anbieter, die relativ kleine Dinge wie Accessoires der Top-Modelabel vermieten. Auch das Louis-Vuitton-Täschchen ist für ein Wochenende absolut leistbar.

Wenn man etwas mit anderen gemeinsam genießen will, wird es noch einfacher und erschwinglicher. Riesige Luxusvillen am Mittelmeer sind – wenn man die vorhandenen Schlafzimmer mit Menschen, die dafür infrage kommen, auslastet und sich die Kosten teilt – echt erschwinglich. Selbst ein Privatjet ist kein Ding der Unmöglichkeit. Ein Bekannter von mir hat einen solchen für einen Tagestrip nach Mailand gechartert und die Plätze, die er selbst nicht gebraucht hat, an Freunde und Bekannte vergeben, die den Spaß mitfinanziert haben.

Der Grund, warum so etwas nicht öfter gemacht wird, ist, dass wir zu klein denken. Wir schauen auf unser aktuelles Budget und suchen zum Beispiel nach Ferienwohnungen, die wir uns für ein Wochenende leisten können. Dabei könnten wir auch solche suchen, die dazu angetan sind, unserem Selbstwert einen ordentlichen Kick zu verleihen und uns fragen: Wie können wir es möglich machen, diese zu mieten? Stattdessen suchen wir nach Gründen, warum das leider nicht geht.

Die Porto-Cervo-Kur

Jedes Mal, wenn ich irgendwo in der Nähe eines Yachthafens bin – bevorzugt am Mittelmeer –, zieht es mich fast magisch dorthin. Ich habe schon viele gesehen – Monte Carlo, Antibes, den ganz kleinen, aber umso feineren in Portofino –, aber am allermeisten beeindruckt war und bin ich immer noch von Porto Cervo auf Sardinien.

Dort liegen an einem Pier von vielleicht 200 bis 300 Metern Länge Yachten vor Anker, von denen vermutlich keine unter 10 Millionen kostet. Doch nicht nur das. Auch die Autos, die vor den Yachten parken, sind sehenswert: Vom Bugatti Chiron mit einem Kaufpreis von 2,5 Millionen Euro in der Basisausstattung (wenn man denn überhaupt nach langer Wartezeit einen erhält), von dem ich zuvor einen einzigen auf einer Automesse in Wien gesehen hatte, standen am Pier in Porto Cervo drei herum. Die wirklich großen Yachten, die in ihren Dimensionen schon kleinen Kreuzfahrtschiffen ähneln, müssen vor dem Hafen ankern. Sie passen dort einfach nicht hinein. Und vor Porto Cervo gibt es regelmäßig eine ganze Reihe davon. Was Yachten für mich so besonders interessant macht, ist, dass sie selbst für Menschen, die sehr vermögend sind, immer noch einen Luxusgegenstand darstellen, den man sich erst einmal leisten können muss.

Und wenn ich nun die Möglichkeit zu einem Abstecher nach Porto Cervo oder einem anderen Yachthafen habe, der diese Bezeichnung auch verdient, dann nehme ich sie wahr. Ich spaziere am Pier entlang, betrachte fasziniert die großartigen Schiffe und nach einer kleinen Tour setze ich mich dann sehr gerne in eine der mondänen Bars mit gutem Blick auf den Pier und trinke einen Aperol Spritz, der preislich der Umgebung angepasst ist.

Nach kurzer Zeit schon verändert diese „Porto-Cervo-Kur", wie ich das gerne bezeichne, meine Sicht auf Geld. Sie stärkt den Glaubenssatz „Geld ist genug vorhanden", wenngleich es vielleicht noch nicht ganz so verteilt ist, wie ich es gerne hätte. Jeglicher Mangelsicht fällt es angesichts solcher Fülle schwer, aufrechterhalten zu werden. Und auch auf die Gefahr hin, dass Sie mich jetzt für vollkommen verrückt oder gar esoterisch angehaucht halten: Ich spüre an Orten wie Porto Cervo eine unglaublich starke Energie, die etwaige einschränkende Glaubenssätze in Sachen Geld und Einkommen hinwegschwemmt. Statt Schranken und Grenzen sieht man plötzlich Möglichkeiten. Aus Selbstkritik wird Selbstvertrauen und Zaudern verwandelt sich in Mut.

Und genau um diese Energie zu tanken, suche ich gerne solche Orte auf. Man findet sie nicht nur in Yachthäfen, sondern auch in manchen Luxusgeschäften oder den Top-Shoppingmeilen, in besonderen Hotels oder auch an Orten wie Dubai oder Manhattan (dort ganz besonders stark).

Eine Bekannte von mir, selbst Unternehmerin, begibt sich, wenn es darum geht, neue Preise festzulegen, ins edelste und teuerste Kaffeehaus oder Hotel in Wien. Warum? Sie sagt, es fällt ihr dort sehr viel leichter, auch höhere Honorare festzulegen. Dazu braucht es mehr Selbstwert, und die Energie dazu spürt sie an solchen Orten ebenso wie ich.

Mit all diesen Gedanken zur Energie will ich Sie nicht verschrecken, sondern wie im ganzen Buch zum Denken und in diesem Fall vor allem auch zum Ausprobieren anregen. Und so richtig wird das Denken erst außerhalb des üblichen Denk- und Erfahrungsbereiches angeregt. Innerhalb unserer Komfortzone regt sich diesbezüglich erfahrungsgemäß gar nichts. Also: Verpassen Sie sich Ihre eigene Porto-Cervo-Kur (in Ihrem persönlichen Porto Cervo) und lassen Sie sich überraschen.

Ob diese Art von Kur von Ihrer Krankenversicherung zumindest kofinanziert wird, weiß ich nicht. Die Chancen sind meines Erachtens überschaubar. Doch sollten Sie ernsthaft nachfragen und einen Antrag stellen, würde mich die Antwort sehr interessieren.

Fake it till you make it

Wenn Ihnen dieses Kapitel mit all dem Luxus zu oberflächlich erschien, dann deshalb, weil wir bisher vor allem die Oberfläche betrachtet haben. Im Grunde geht es dabei um etwas wesentlich Tiefgreifenderes – darum, jetzt bereits die Person zu sein, die man sein wird, wenn man sein Ziel erreicht hat. Es geht darum, sich zu überlegen, wo diese Person wohnt, welchen Beruf sie hat, wie viel sie verdient, wie sie sich kleidet, was sie isst, mit wem sie Umgang pflegt, welche Bücher sie liest und welche Filme sie sich ansieht, was sie in ihrer Freizeit macht und vieles mehr. Mindestens ebenso wichtig ist es zu definieren, was diese Person in all diesen Punkten nicht (mehr) macht oder denkt. Ganz im Sinne dessen, was ich an der einen oder anderen Stelle zum Thema klare Ziele bereits geschrieben habe, ist es auch hier sehr viel leichter, zu dieser Person zu werden, wenn Sie genau wissen, wie bzw. wer diese Person ist.

Nur oberflächliche Menschen urteilen nicht nach dem äußeren Erscheinungsbild.

Das Geheimnis der Welt ist das Sichtbare, nicht das Unsichtbare.

Oscar Wilde

Das Konzept dahinter – mit dem sich auch etliche Psychologen beschäftigen und dazu einige Bücher publiziert haben – nennt sich „Future Self", auf Deutsch: Ihr zukünftiges Ich. Normalerweise denken wir, dass wir zuerst etwas haben müssten, um dann damit etwas zu tun, um schließlich die Person zu sein, die wir gerne sein würden. Doch so funktioniert das schlecht bis gar nicht.

Wenn wir es aber gedanklich schaffen – und sei es auch zuerst nur für begrenzte Zeit –, bereits die Person zu sein, die wir sein werden, wenn wir unser Ziel erreicht haben, dann fällt es uns aus dieser Rolle heraus sehr viel leichter, Handlungen durchzuführen, die uns unseren Zielen näherbringen. Ich weiß, das klingt ein wenig kompliziert, aber es lohnt sich, darüber nachzudenken und sich mit der Idee eingehender zu beschäftigen. Ganz nebenbei kann man währenddessen auch eine ganze Menge Spaß damit haben.

Und abgesehen von den Veränderungen innerhalb der eigenen Person, der Stärkung und Steigerung des Selbstwertes, die all diese Vorgehensweisen vorantreiben, hat das natürlich eine Wirkung nach außen. Es ist unmöglich, zu wachsen und sich so stark zu verändern, ohne dass einen das Umfeld mit anderen Augen sehen würde. Dieser nach außen getragene, verstärkte Selbstwert führt somit auch ganz automatisch zur Erhöhung des Wertes, den uns andere beimessen.

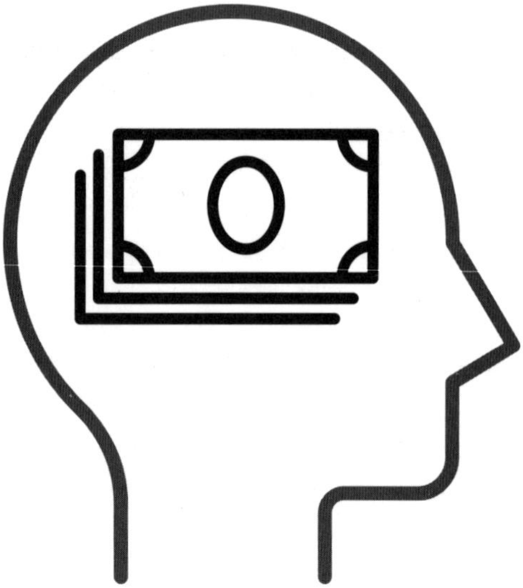

Einmal Gehirnwäsche bitte

Wir denken – mehr oder weniger – andauernd. Vielleicht nicht im Schlaf, aber da träumen wir und das ist auch nicht unbedingt besser. Manchmal sind es ganze, zusammenhängende, klare Gedanken, dann wieder nur Bruchstücke, Fetzen, Bilder, Töne, Sequenzen von irgendetwas. Wahllos, zusammenhanglos, scheinbar ziellos. Angeblich – aber wer will das schon so genau messen können und wie auch – sind es 60 000 Gedanken, die uns tagtäglich durch den Kopf gehen. Gar nicht so wenige und ich frage mich gerade, was ich heute wohl so alles gedacht habe. Das Eigenartige ist nämlich, dass ich mich maximal an ein paar wenige Gedanken erinnere. Der Rest? Weg! Vermutlich nicht so wichtig gewesen.

Der Zustand des Nicht-Denkens existiert quasi nicht. In der Meditation versucht man, sich diesem Zustand zumindest zu nähern und wenigstens ein paar Momente gedankenfreie Stille im Kopf zu erreichen. Jeder, der das schon versucht hat, weiß, dass das ganz und gar nicht einfach ist. Wenn gerade sonst nichts zu tun bzw. zu denken ist, beschäftigt sich unser Gehirn mit sich selbst und produziert nach Lust und Laune Gedanken, einfach nur, damit es nicht langweilig wird.

Wer denkt uns oder was?

Wobei: „Wir denken" stimmt eigentlich nicht ganz. Denn diese Formulierung würde eine Aktivität implizieren, etwas, das wir absichtlich tun. Doch das ist nur sehr selten der Fall. Sehr viel treffender könnte man sagen: Wir werden gedacht. Aber von wem? Das ist eine Frage, auf die ich selbst auch gerne eine Antwort hätte. Psychologen und Neurowissenschaftler suchen nach einer Antwort, doch soweit ich weiß, haben sie diese noch nicht gefunden.

Eine sehr interessante Studie wurde von Benjamin Libet in den 80er-Jahren veröffentlicht. In dieser Studie sollten die Teilnehmer auf eine Uhr schauen und dann willkürlich entscheiden, wann sie einen Knopf drücken. Gleichzeitig wurden ihre Hirnaktivitäten gemessen. Libet fand heraus, dass es bereits etwa eine halbe Sekunde vor dem bewussten Entschluss, den Knopf zu drücken, eine Aktivität im Gehirn gab, die darauf hinwies, dass die Entscheidung bereits gefallen war. Diese Ergebnisse legen nahe, dass unser Gehirn Entscheidungen trifft, bevor wir uns ihrer bewusst werden.

Wir denken also BEVOR wir denken. Messbar. Das bedeutet, dass etwas außerhalb unseres bewussten Verstandes denkt und Entscheidungen für uns trifft. „Wer ist das dann, wenn es nicht unser bewusster Verstand ist, den wir typischerweise für unser Ich halten?“, könnte man fragen, und: „Wo ist dieser jemand, der da denkt?“

Die finalen Antworten darauf werden vermutlich noch einige Zeit auf sich warten lassen. Warum also dieser Einblick in die Tätigkeit unseres Gehirns? Um Ihren möglicherweise festen Glauben daran, dass unser Denken ganz bewusst in beeinflussbaren Bahnen verläuft, ein wenig zu hinterfragen und ins Schwanken zu bringen oder vielleicht sogar zu erschüttern. Das, was da so abläuft und die Ergebnisse dessen zumindest zu hinterfragen, hilft bei dem, was folgt.

Glauben Sie nicht alles, was Sie denken

Lassen Sie uns also zwischen bewusstem und unbewusstem Denken unterscheiden. Bewusste Denkaufgaben sind solche, die wir uns absichtlich stellen, wenn wir uns zum Beispiel fragen, wie viel 13 × 17 ist, welche Route wir von A nach B nehmen können oder auch, was wir unseren Liebsten zu Weihnachten schenken könnten. Unser Gehirn mit solchen Aufgaben zu beschäftigen, scheint mir eine durchaus sinnvolle und oft auch erbauliche Angelegenheit zu sein, dann vor allem, wenn es uns auch korrekte oder zumindest brauchbare Antworten liefert.

Das ist also eine gute Sache und wir können sehr froh sein, dass es solche Denkleistungen für uns erbringt. Allerdings – so sagen Neurowissenschaftler – laufen nur maximal 5 % unserer Gedankenprozesse bewusst ab, vielleicht auch nur 0,1 %. Wie dem auch sei, der Anteil des bewussten Denkens ist in jedem Fall sehr, sehr klein. Das führt manchmal zu der irrigen Annahme, dass wir nur einen sehr kleinen Teil unseres Gehirns nutzen. Aber wir nutzen tatsächlich das gesamte Gehirn, nur eben die meiste Zeit über unbewusst.

Und von dem Denken, das unbewusst abläuft, ist vieles extrem wichtig für unsere Funktionsfähigkeit im Alltag. Stellen Sie sich vor, Sie müssten Dinge, die unbewusst ablaufen, bewusst durchführen. Autofahren zum Beispiel. Können Sie sich noch erinnern, wie komplex und stressbeladen die ersten Fahrstunden waren? Schauen, kuppeln, schalten, blinken, Gas geben, Kupplung langsam kommen lassen – manchen treibt vielleicht der Gedanke daran heute noch den Schweiß auf die Stirn. Und heute? Wenn Sie jede einzelne Aktivität beim Autofahren bewusst denken würden, kämen Sie vermutlich regelmäßig zu spät zur Arbeit. Unbewusst geht das deutlich besser. Psychologe und Nobelpreisträger Daniel Kahneman unterscheidet zwischen schnellem und langsamem Denken (auch der

Titel eines seiner sehr empfehlenswerten Bücher), wobei das Unbewusste das schnelle und das Bewusste das langsame ist.

Und stellen Sie sich erst einmal vor, wir müssten so etwas wie das Atmen mit unseren bewussten Gedankenprozessen steuern! Einatmen, ausatmen, einatmen, ausatmen. So wie wir es in Meditationsübungen machen, nur eben im Alltag. Kaum wären wir mal durch ein Gespräch mit jemandem, eine spannende Szene in einem Film oder auch mit einer so komplexen Entscheidungsaufgabe wie jener im Asia-Restaurant ein Gericht auszuwählen ein wenig abgelenkt, würden wir auch schon kollabieren, weil wir vergessen haben, währenddessen weiter zu atmen. Alles in allem wäre das mühsam – gelinde gesagt. Unser bewusster Verstand ist gut für bestimmte Aufgaben und ganz schlecht für andere.

Das bedeutet, dass dieser Teil unseres unbewussten Denkens kein Problem darstellt. Ganz im Gegenteil sogar. Aber es bleibt offenbar noch eine ganz ordentliche Restkapazität an unbewussten Denkressourcen (Rechenleistung könnte man es auch bezeichnen), die unser Gehirn einfach nur nutzt, weil sie da ist.

Der Feind in unserem Kopf

Und genau dieser Teil des unbewussten Denkens bereitet uns laufend Probleme, indem er ziellos Gedanken produziert. Diese nehmen wir – wenn sie an der Oberfläche unseres Bewusstseins aufpoppen – dann wahr und blöderweise auch ernst. Obwohl vieles davon vermutlich nur eine Ausgeburt der Langeweile, ein Resultat ungenutzter Rechenkapazitäten unseres Gehirns ist. Etwas, von dem wir nicht einmal so genau wissen, wo es herkommt und wer es denkt. Quelle unbekannt und schon aus diesem Grund suspekt und von sehr fraglicher Glaubwürdigkeit – sollte man meinen.

Und doch glauben wir all das, vieles davon zumindest. Und wenn nicht beim ersten Mal, dann bei der zweiten, zehnten oder hundertsten Wiederholung. Das ist Gehirnwäsche in Reinkultur, eine, die sich unser Gehirn, oder wer auch immer dahintersteckenmag, selbst verpasst, allerdings keine der positiven Art.

Die meisten Feinde verblassen gegen den zwischen unseren Ohren.

Denn diese Gedanken sind – so zeigt mir die eigene Erfahrung und vermutlich auch Ihre – nicht immer die nettesten, höflichsten, wertschätzendsten. Es sind nicht jene, die uns voranbringen, fördern, stärken oder aufbauen. Ganz im Gegenteil sogar könnte man meinen, wir hätten einen Feind in unserem Kopf, der uns niedermachen, sabotieren, demotivieren und frustrieren will. Einen, der es sich zum Ziel gesetzt hat, unser Selbstbewusstsein zu demontieren und unseren Selbstwert gegen null zu reduzieren.

„Wahnsinn, was bin ich fett geworden!“, sagen wir zu unserem Spiegelbild, oder: „Wieder mal typisch, dass das genau mir passiert! Ich bin so was von blöd!“ Die Beispiele ließen sich je nach persönlichen Vorlieben endlos fortsetzen. Wenn eine andere Person – eine physische, reale meine ich – derartige Dinge zu uns sagen würde, wäre die Strafe dafür zumindest lebenslanger Liebesentzug, wenn nicht deutlich gewalttätigeres. Wir würden uns zumindest verbal gegen solche Angriffe wehren. Doch wenn wir dergleichen zu uns selbst sagen, dann ist das in Ordnung?!

Die Quellen für derartige Gedanken sind die tiefsitzenden Glaubenssätze, die wir – wie an früherer Stelle bereits angesprochen – über uns geformt haben und sehr ungern hinterfragen, geschweige denn loslassen wollen.

Was in diesem Zusammenhang erschwerend hinzukommt, ist die Tatsache, dass wir ganz generell eine Vorliebe für negative Botschaften haben. Das ist mit ein Grund, warum Medien aller Art viel lieber und häufiger negative Schlagzeilen bringen und wir auch selbst sehr viel lieber Negatives weitererzählen. Zum Beispiel vermietet eine Bekannte von mir eine Wohnung und hatte vor ein paar Jahren massive Probleme mit einem Mieter, der die Miete nicht zahlte, aber auch nicht ausziehen wollte. Jedes Mal, wenn ich sie traf, bekam ich ein Update zu der Situation und sie erzählte, welche neuen Dramen sich diesbezüglich ereignet hatten. Nach ein paar Monaten war das Problem gelöst, der Mieter draußen und die Wohnung neu vermietet. Das war dann auch gleichzeitig das letzte Update. Sie hätte natürlich jedes Mal, wenn wir uns trafen, sagen können: „Der neue Mieter hat diesen Monat übrigens wieder seine Miete ganz pünktlich bezahlt." Diese gute Nachricht wäre aber definitiv zu wenig interessant gewesen – auch aus meiner Sicht. Es gibt Studien dazu, die zeigen, dass wir negative Nachrichten zehnmal so oft (oder sogar noch öfter) weitererzählen als positive. Das mag ein Grund dafür sein, warum wir auch Kritisches bis Negatives über uns selbst wesentlich öfter erzählen.

Doch nicht nur das. Wir sind auch geneigt, negative Nachrichten eher zu glauben als positive. Morgan Housel beschreibt diesen Effekt in seinem lesenswerten Buch „Die Psychologie des Geldes" im Zusammenhang mit Prognosen über die Entwicklung der Wirtschaft bzw. der Börsenkurse. Diesbezüglich gibt es meist zwei Lager: die positiv

Gestimmten, die eine sonnige Zukunft und steigende Kurse vorhersagen und jene, die uns bevorstehende Katastrophen und Crashes aller Art in den düstersten Farben ausmalen. Weder die einen noch die anderen kennen die Zukunft und wenn man die Prognoseergebnisse mit der Realität abgleicht, kommt man sogar zur Erkenntnis, dass die Vertreter beider Lager mit ihren Prognosen die meiste Zeit danebenliegen und das oft nicht einmal knapp. So gelingt es 80 % der professionellen Fondmanager nicht, den Börsenindex zu schlagen – nicht einmal in einem einzelnen Jahr, geschweige denn in mehreren aufeinanderfolgenden.

Und doch zeigen Studien, dass den Propheten der Kursabstürze und Wirtschaftskrisen mehr Glauben geschenkt wird als denen, die eine sonnige Zukunft prophezeien. Bisweilen könnte man sogar den Eindruck gewinnen, dass unser Glaube an düstere Prognosen umso größer ist, je extremer diese sind. Das bedeutet, um es auf das Thema dieses Buches bezogen nochmals zusammenzufassen und auf den Punkt zu bringen: Wir erzählen uns Negatives über uns selbst öfter und lieber und glauben auch eher daran als an positive Nachrichten.

Die Qualität der Fragen ...

Doch es geht noch ein Stück fieser, dann nämlich, wenn die Gedanken in Form von Fragen formuliert werden. Eine Aussage wäre ja noch relativ einfach als Angriff zu erkennen und aus diesem Grund auch für den bewussten, rationalen Verstand verhältnismäßig einfach abzuwehren – theoretisch. Zum Beispiel das beliebte „Immer passiert mir so etwas!“ könnte relativiert werden mit „Immer? Das würde ja bedeuten, dass es Ihnen in so einer Situation noch nie anders ergangen ist. Ist das tatsächlich so?“ Praktisch gelingt uns das meist nicht, weil unser bewusst-rationaler Verstand gerade mit anderen Dingen überfordert ist.

Dennoch, gegen eine Aussage wäre eine Verteidigung noch gut vorstellbar. Aber gegen eine Frage? Das ist wahre psychologische Kriegsführung. „Warum passiert das immer mir?", würde die Fragevariante lauten. Den Kennern unter Ihnen fällt die dezent versteckte Vorannahme in diesem Satz (man könnte auch Unterstellung sagen) vermutlich bereits auf. Präsupposition ist der Fachausdruck dafür. Es handelt sich um ein suggestives Sprachmuster, das sich still und heimlich an unserem bewussten Verstand als Wächter vorbei und durch die Hintertür in unser Gehirn schleicht, um dort seine Wirkung zu entfalten. Denn wir sind darauf konditioniert, Fragen zu beantworten und nicht, sie infrage zu stellen. Und wenn wir auf solche Fragen Antworten produzieren, dann nehmen wir das, was unterstellt wurde – etwa, „dass das immer mir passiert" – als Tatsache zur Kenntnis. Mit jeder Antwort, die wir uns darauf selbst geben, verstärken wir die Wirkung der Aussage noch, zementieren diese förmlich, da es dann ja offenbar etliche Gründe dafür gibt.

… bestimmt die Qualität der Antworten

Das heißt, wir müssen verdammt gut auf der Hut sein, um solche fiesen Tricks zu bemerken, zu durchschauen und etwas dagegen zu unternehmen. Zum Beispiel könnten wir damit beginnen, uns – wenn unser bewusster Verstand gerade ein wenig Rechenkapazität zur Verfügung hat – andere, bessere und produktivere Fragen zu stellen. Dabei versuchen wir, den Feind in unserem Kopf auszutricksen und stellen uns ebenso suggestive Fragen wie er.

*Wenn wir bessere Antworten wollen,
müssen wir uns bessere Fragen stellen.*

Was sind so betrachtet bessere Fragen? Solche, die Antworten produzieren, die uns aufbauen und unser Selbstbewusstsein wie unseren Selbstwert stärken und steigern. Wenn gerade etwas wenig Erbauliches geschehen ist, wäre das zum Beispiel „Was kann ich daraus lernen?" oder auch „Was ist das Gute daran?"

Für zwischendurch beim raschen Blick in den Spiegel vielleicht: „Warum siehst du heute bloß wieder so gut aus?" oder auch am Tagesende „Was ist dir heute wieder gut gelungen?" Die Qualität der Fragen bestimmt die Qualität der Antworten. Das gilt gleichermaßen bei Fragen, die wir anderen stellen wie bei jenen, die wir uns selbst stellen. Das heißt, wenn wir mit den Antworten, die wir erhalten, nicht zufrieden sind, dann sollten wir beginnen, andere, bessere Fragen zu stellen, die die Wahrscheinlichkeit erhöhen, förderliche Antworten zu erhalten.

Recht haben oder erfolgreich sein?

Zum Abschluss dieses Kapitels noch eine Vermutung, warum wir (oder wer genau auch immer) solche seltsamen Dinge tun. Eine reine Vermutung, die aber vielleicht als Denkanstoß dienen kann.

Wir tendieren dazu, uns unser Weltbild, also all das, was wir über die Welt, aber auch über uns selbst so glauben, zu bestätigen. Immer und immer wieder. Das gibt uns ein Gefühl der Sicherheit und Stabilität. Denn immerhin haben wir recht gehabt. Genau dieses Spiel spielen wir, wenn wir uns mit wenig förderlichen, schlechten Gedanken über uns selbst beschäftigen. Diese führen dazu, dass wir unseren Selbstwert schwächen, was wiederum in mehr solcher Gedanken oder Aussagen mündet.

Kurioserweise bestätigen wir uns unser Welt- bzw. Selbstbild also auch dann, wenn es keines ist, das irgendjemand bewusst wählen würde. Wir entscheiden uns für die Sicherheit des Schlechten statt die Unsicherheit des möglicherweise viel Besseren. „Lieber den Taubenkot in der Hand als die Taube auf dem Dach", könnte man sagen. Mein Vater war zeit seines Arbeitslebens für die Österreichische Bundesbahn tätig, die dafür bekannt war, nicht die besten Gehälter zu bezahlen – gelinde gesagt. Dafür hatte er aber den Beamtenstatus und war damit unkündbar und hatte die Aussicht auf eine deutlich über dem Bevölkerungsschnitt liegende Rente, die er noch dazu bereits mit knapp über fünfzig antreten konnte. Alles in allem kein schlechter Deal, einer mit Vor- und Nachteilen eben.

So geht es auch vielen anderen: In vielen Jobs gibt es Vorteile, die die Nachteile (teilweise) aufwiegen und uns leichter darüber hinwegschauen lassen, dass wir uns eigentlich unter Wert verkauft fühlen. Wenn es echte Vorteile sind, die wir auch als solche empfinden, dann wären diese eben ein Teil der Bezahlung und das Gefühl, uns unter Wert zu verkaufen, würde vermutlich verschwinden. Aber manchmal versuchen wir auch nur krampfhaft, irgendwelche Vorteile im Status quo zu sehen, die uns das, was ist, in schöneren, bunteren Farben ausmalen – und zwar so lange, bis die schwelende Unzufriedenheit auf ein nicht mehr spürbares Maß reduziert ist und uns die Welt, so wie sie ist, ganz in Ordnung erscheint. Dieses – vermeintlich – positive Weltbild verstärken wir dann.

Die Frage, die man sich in diesem Zusammenhang stellen könnte, ist: Gebe ich mich zu leicht zufrieden mit dem, was ich habe, anstatt zu versuchen, das zu erreichen, was ich wirklich möchte?

Woran es uns häufig fehlt, ist eine wichtige Zutat, vielleicht sogar die wichtigste im ganzen Buch. Nicht zuletzt deshalb habe ich sie mir bis zum Schluss aufgehoben. Diese Zutat bzw. der Mangel an dieser ist auch der Grund, warum wir uns ganz generell allzu gerne in Bereichen aufhalten, die uns vertraut sind, selbst dann, wenn es überhaupt nicht erstrebenswert ist, dort zu sein.

Den Mutigen gehört das Geld

Wir halten uns die meiste Zeit unseres Lebens in einem Bereich auf, den Sie sicher kennen: in unserer Komfortzone. Daran ist grundsätzlich nichts Falsches oder Schlechtes. In diesem Bereich können wir uns ausruhen und erholen, unsere Energiespeicher auffüllen und auch an der ein oder anderen Sache oder Fähigkeit noch ein wenig feilen, damit sie etwas runder läuft und besser funktioniert. Wir fühlen uns dort sicher und geschützt, wissen genau, was auf uns zukommt – und auch, was wir dort nicht zu erwarten oder zu befürchten haben. Anstrengen müssen wir uns für die Dinge, die wir in der Komfortzone machen, höchstens ein klein wenig. Richtig schwierig ist dort nichts. So betrachtet würde ich meinen, dass wir sie dringend benötigen. Dennoch könnte man den Eindruck gewinnen, dass sie einen schlechten Ruf hat. Warum?

Der durchaus berechtigte Grund dafür ist nicht, dass wir uns in der Komfortzone aufhalten, sondern dass wir uns zu häufig, zu lange und in allen Lebensbereichen gleichzeitig darin aufhalten. Die Dosis macht auch hier das Gift.

Bei all den Vorzügen, die uns die Komfortzone bietet, hat sie – wie könnte es auch anders sein – Nachteile, einen ganz großen, entscheidenden vor allem: Echte Veränderung, wirkliches Wachstum und spürbare Weiterentwicklung ist dort schlichtweg ausgeschlossen. Und wenn man nun annimmt, dass das ja kein Problem ist, wenn man bereits dort ist, wo man sein möchte, ist das trügerisch, sogar gefährlich.

Wer aufhört, besser zu werden, hat aufgehört, gut zu sein.
Philip Rosenthal

Noch prägnanter formulierte es der Topmanager Rudolf von Bennigsen-Foerder: „Stillstand ist Rückschritt". Und außerdem: Dieses Buch ist ja nicht angetreten, um den Status quo festzuschreiben, sondern Denkanstöße für Veränderung und Wachstum zu geben, damit Sie Ihren Wert steigern, das auch kommunizieren und sich nicht mehr zum Discountpreis verkaufen. Daher müssen wir uns die Folgen von zu viel Komfortzone anschauen.

Wenn Sie sich Ihre Komfortzone als Kreis vorstellen, dann existiert darin ein weiterer, der die gefährlich klingende Bezeichnung Todeszone trägt. Sie wächst und mit jedem Stück, das sie größer wird, schrumpft die Komfortzone, bis sie nur mehr als ein ganz schmaler Bereich am Rande der Todeszone bestehen bleibt.

Doch was ist diese Todeszone und was unterscheidet sie von der Komfortzone? Dieser Bereich ist stark geprägt von massiv übertriebenen Routinen, die dazu geführt haben, dass man keinerlei andere Möglichkeiten mehr sieht.

Zum Beispiel fährt jemand in den Urlaub, im Sommer, gleich zu Beginn der Schulferien – die Kinder direkt von der Zeugnisverteilung abholen und dann nichts wie weg. Nach Kroatien, weil dort das Wetter um diese Jahreszeit stabil schön und das Essen gut ist. Nachdem sich das Appartement letztes Jahr bewährt hatte, wurde es wieder gebucht, das obere, vorne raus, mit Blick auf das Meer. Am ersten Abend freut man sich schon auf den Stammplatz im Fischlokal um die Ecke, denn die bereiten sehr schmackhaften Fisch zu, direkt aus dem Meer auf den Grill. Köstlich. Nachdem man über die Jahre in diesem Lokal schon viele Male zu Gast war, wird man vom Wirt mit südländischer Herzlichkeit wie ein Freund begrüßt. Das ist Urlaub. Und nächstes Jahr wieder dasselbe. War toll, hat sich bewährt.

Da spricht auch grundsätzlich nichts dagegen. Ich selbst buche auch immer wieder dasselbe Haus in der Toskana, weil es dort einfach fantastisch ist. Dennoch ist dieses idyllische Bild trügerisch, denn es gaukelt bisweilen eine Stabilität und Sicherheit vor, die es gar nicht gibt. Allzu schnell kann so ein bewährtes Gebilde ins Wanken kommen. Ein kleines Steinchen, das herausfällt, kann es vollkommen zum Einsturz bringen.

Was ist, wenn sich etwas ändert? Sagen wir mal, das Appartement ist schon vergeben, obwohl es uns doch letztes Jahr schon zumindest mündlich zugesagt worden war. Oder das großartige Fischlokal ist jetzt ein indisches Restaurant. Oder aber im Lokal sitzt jemand anderes – man stelle sich das vor, welche Frechheit – auf unserem Stammplatz. All diese Dinge könnten passieren und tun das auch in aller Regelmäßigkeit. Solange man genügend Bewegungsfreiheit in der Komfortzone hat, ist das auch nicht weiter schlimm. Dann nehmen wir eben einen anderen Termin, zu dem das Appartement noch zu haben ist, oder aber ein anderes Appartement. Indisches Essen ist sehr schmackhaft, und ob wir an diesem oder einem anderen Tisch sitzen – Hauptsache, es schmeckt. So oder so ähnlich geht jemand, der noch ausreichend Platz und damit Handlungsalternativen in der Komfortzone hat, mit Veränderungen und Hindernissen um. Schließlich gibt es Alternativen für fast alles.

Anders, wenn die Komfortzone fast verschwunden ist, einverleibt von der Todeszone. Dann wird der Inder zum Drama und vom besetzten Stammplatz wollen wir erst gar nicht sprechen. Das Appartement, das vergeben ist, könnte ganz rasch dazu führen, dass der Urlaub ins Wasser fällt, denn auf dermaßen absurde Gedanken wie eine andere Bleibe zu suchen oder gar einen anderen Termin, wo DAS doch unser Urlaubstermin ist und nicht ein späterer, wollen wir uns erst gar nicht einlassen. Wer weiß, wo das endet?

Und wenn Ihnen das vielleicht übertrieben erscheinen mag – das ist es nicht. Derlei Verhaltensweisen habe ich in meinem Umkreis in allen möglichen Lebensbereichen schon beobachten können. Interessante oder vielleicht auch erschreckende Sozialstudien sind das bisweilen. Die Todeszone ist gezeichnet durch Starre, durch Routinen, die so festgefahren sind, dass sie gar keine anderen Möglichkeiten mehr zulassen – oft nicht einmal den Gedanken daran. Todeszone heißt im Extremfall, keinerlei Entscheidungsmöglichkeit mehr zu haben, weil es eben nur eine Möglichkeit gibt. Scheinbar.

Der Aufenthalt in diesem Bereich ist nur dann erträglich, wenn nicht die kleinste Kleinigkeit geschieht, die dieses Gebilde wackeln lassen könnte. Dann erliegen wir dem Trugbild, dass alles in Ordnung sei. Sobald aber Veränderungen im Außen beginnen, daran zu rütteln, wird es dort für einen selbst und auch für die anderen, die in der jeweiligen Szenerie eine Rolle spielen, unangenehm. Alles in allem kein Platz, an dem man sich aufhalten sollte oder möchte. Warum bleiben die Menschen dennoch dort?

Aus Angst. So unangenehm es in der Todeszone auch sein kann, sie gibt dennoch eine gewisse Sicherheit. Auch wenn das, was hier geschieht, nicht angenehm ist, so weiß man zumindest, was auf einen zukommt und hat auch Routinen entwickelt, um damit so halbwegs zurechtzukommen. Doch rauszugehen aus diesem Bereich? Bewusst und absichtlich? Wer weiß, das könnte sich ja als noch schlimmer herausstellen, als in der Todeszone zu verweilen und durchzuhalten in der – oft vergeblichen – Hoffnung, dass es irgendwann schon besser werden wird. Tut es manchmal, oft wird es schlechter, aber ein noch so kleines Fünkchen Hoffnung hält uns zumindest ein wenig aufrecht. Dieses stirbt zwar zuletzt, aber irgendwann dann doch. Und dann? Dann hat sich Hoffnungslosigkeit zu den anderen unangenehmen Rahmenbedingungen der Todeszone hinzugesellt und wir lernen eben auch, damit zu existieren.

Leiden ist leichter als lösen.
Bert Hellinger

Sorry, wenn das ein wenig trist und negativ klingt, aber ich wollte Ihnen deutlich vor Augen führen, wie gefährlich und allgegenwärtig die Todeszone ist und wo sie überall lauert.

In Unternehmen treffe ich immer wieder auf sie. Da gibt es Mitarbeiter, die auf irgendeinem Abstellgleis verstauben oder sich völlig lustlos tagtäglich zur Arbeit quälen und das, obwohl sie bereits vor 5 Jahren gekündigt haben – blöderweise nur gedanklich. Todeszone. Da gibt es Meetings, bei denen man große Verstörung verursacht, wenn man sich einmal einen anderen Platz wählt als den, auf dem man immer sitzt. Todeszone. Da gibt es Mitarbeiter, denen man eine ordentliche Gehaltserhöhung verwehrt, weil das System so etwas nicht vorsieht und einem Neuen an eben dieser Stelle sehr wohl und gezwungenermaßen mehr bezahlt. Todeszone. Nicht nur einzelne Menschen, sondern auch Teams und ganze Organisationen können sich – wie die Beispiele zeigen – in der Todeszone befinden.

Doch damit sind wir noch nicht am Ende der Gefahren angekommen, die auf uns lauern. Da gäbe es noch die

Panikzone, die man sich als Kreis vorstellen kann, der die Komfortzone weiträumig umfasst. Wir hätten dann also drei halbwegs konzentrische Kreise – Panikzone, Komfortzone, Todeszone – von außen nach innen. Die Panikzone ist – wie der Name bereits sagt – durch Panik gekennzeichnet. Messbare und beobachtbare Panik. In dieser landet man besonders dann sehr leicht und rasch, wenn die Komfortzone nur mehr ein sehr schmaler Grat am Rande der Todeszone ist. Es gibt – so könnte man sagen – eine Direktverbindung zwischen Todes- und Panikzone. Wenn es scheinbar keine Handlungsalternativen mehr gibt, dann mündet jede Veränderung, die an meinem Status quo rüttelt, leicht in panischen Reaktionen. Eines muss man der Panikzone allerdings zugutehalten: Man kann dort definitiv Veränderung erfahren, Neues lernen und wachsen – nur eben auf die harte Tour und mit dem Risiko, dass es oft nicht zum Erfolg führt.

Die Todeszone, die in allen Lebensbereichen lauert und beständig an unserer Komfortzone knabbert und jetzt auch noch die Panikzone – sieht nicht gut aus, könnte man meinen. Doch es gibt auch einen Bereich, der einen Ausweg aus dieser ganzen Misere bietet: die Stretchzone. Diese kann man sich als weiteren kreisförmigen Bereich (insgesamt sind es dann vier konzentrische Kreise) zwischen der Komfortzone und der Panikzone vorstellen. Und genau diese Verbindung leistet sie: nicht mehr komfortabel, aber noch nicht panisch. In der Stretchzone gibt es – anders als in der Komfortzone – Neues zu lernen. Veränderung und Wachstum sind möglich, wenn auch oft mit Anstrengung und Wachstumsschmerzen verbunden. Aber die Hürden, die wir dort zu bewältigen haben, sind überwindbar. Es kostet vielleicht Mühe und Kraft, scheint ein wenig gefährlich, man fühlt sich manchmal unsicher mangels Erfahrung in diesem Bereich, vieles ist neu und anders. Doch im Gegenzug zur Panikzone sind die Emotionen, die hier ausgelöst werden, zwar stark, aber noch kontrollierbar. Durch das Betreten und Erkunden dieses Bereiches eignen wir uns neue (Verhaltens-)Möglichkeiten an, die dazu führen, dass unser Komfortbereich wächst. Dieses Wachstum am äußeren Rand der Komfortzone macht das wett, was wir durch die Todeszone beständig verlieren.

Use it or loose it.

Ein gutes Beispiel dafür kommt aus der menschlichen Biologie. Muskeln verkümmern und verschwinden weitgehend (und das erschreckend rasch), wenn man sie nicht benutzt. Wenn man sie benutzt, aber nur für leichte, alltägliche Aufgaben in der muskulären Komfortzone, dann verliert man sie nicht, aber wachsen werden sie auch nicht. Um Muskeln zum Wachsen zu veranlassen, muss man sie zumindest ein wenig überfordern und Muskeltraining in der Stretchzone betreiben – ansonsten wäre es auch kein Training. Was passiert, wissen wir: Es ist anstrengend, man kommt ins Schwitzen, die Herzfrequenz steigt, man wird müde und tags darauf hat man vielleicht einen schmerzhaften Muskelkater – doch die Muskeln wachsen.

Insgesamt betrachtet bedeutet das aber auch, dass wir zwei Möglichkeiten haben: Wir können uns in der Komfortzone ausruhen und darauf warten, dass die Todeszone sie irgendwann komplett aufgezehrt hat. Oder rechtzeitig und regelmäßig unseren Komfortbereich verlassen, uns in die von uns unerforschten Bereiche der Stretchzone begeben und dafür sorgen, dass sich die Komfortzone erweitert. Und das gilt für jegliches Wachstum in allen Bereichen des Lebens, egal ob Sie nun Ihr Klavierspiel oder Ihre Beziehung verbessern oder aber Ihren Selbstwert stärken wollen, um sich in Zukunft zu besseren Preisen zu verkaufen.

The quality of your life is in direct proportion
to the amount of uncertainty, you can comfortably live with.
Tony Robbins

Wenn das so ist, was hindert uns daran, das (öfter) zu tun? Die Gründe, die als Antwort auf diese Frage angeführt werden, sind vielfältig. Wir sind zu bequem dafür, haben keine Zeit oder, besser gesagt, wollen uns diese nicht nehmen. Wir wissen nicht, wie. All diese Gründe und noch ein paar weitere mögen ihre Bedeutung haben und zutreffen. Doch einer, der vielleicht sogar der Wichtigste ist, aber ungern genannt wird, weil wir ihn uns vor anderen und auch vor uns selbst nicht eingestehen wollen, ist Mangel an Mut. Denn Mut ist oftmals genau jene Eigenschaft, die wir benötigen, um die Stretchzone zu betreten.

Zu viel Tapferkeit, zu wenig Mut

Doch was ist Mut überhaupt? Sich an dünne Gummiseile geknotet von Brücken in die Tiefe stürzen? Sich einem bewaffneten Angreifer entgegenstellen, um seine Familie zu schützen? Geld in Bitcoins investieren? Wenn es um Mut geht, denken wir meist unmittelbar an recht extreme und gefährliche, bisweilen lebensgefährliche Situationen. Und ja, diese können mit Mut zu tun haben – müssen aber nicht.

Vieles, was wir als Mut bezeichnen, ist eigentlich etwas anderes: Tapferkeit. Tapferkeit hat viel mit Durchhaltevermögen in Situationen zu tun, in die man oft unfreiwillig, zufällig, durch einen Unfall oder eine Verkettung unglücklicher

Umstände geraten ist. Mut hingegen beruht immer auf einer aktiven, bewussten Wahl. Einer mutigen Handlung geht eine bewusste, mehr oder wenig gut überlegte Entscheidung voraus. Genau für diese Entscheidung braucht es Mut. Es braucht Mut, eine Handlung zu beschließen und danach manchmal Tapferkeit, um diese getroffene Entscheidung dann trotz vielleicht widriger Umstände umzusetzen.

Man könnte auch sagen, tapfer ist es, einen eingeschlagenen, vielleicht schwierigen Weg weiterzugehen. Mutig hingegen wäre es, diese Entscheidung infrage zu stellen und einen anderen Weg zu beschreiten. Tapfer ist auch der Versuch, möglichst keine Fehler zu machen. Mutig hingegen ist es, aus seinen Fehlern zu lernen und in Zukunft andere, bessere Fehler zu machen. Tapfer ist es, nicht verlieren zu wollen. Mutig hingegen ist es, die Entscheidung zu treffen, gewinnen zu wollen.

Und im Zusammenhang mit dem Thema dieses Buches: Es kann tapfer sein, sich in einem Unternehmen durch die bisweilen langwierigen und komplexen Entscheidungsinstanzen zu quälen und alle, die irgendein Wörtchen mitzureden haben könnten, um ihre Zustimmung zu einem Vorhaben zu ersuchen. Mutig ist es hingegen, das Vorhaben umzusetzen und die, die dann etwas dagegen haben, um Verzeihung zu bitten. Tapfer ist es zu warten, dass die anderen endlich den eigenen Wert erkennen und ihn zu schätzen wissen. Mutig ist es, die anderen darauf aufmerksam zu machen und klar und deutlich zu sagen, was man haben will.

Doch es ist definitiv kein Fehler, an ein Zitat von Pablo Picasso zu denken:

Lerne die Regeln wie ein Profi,
damit du sie wie ein Künstler brechen kannst.

Wenn man das nicht macht und meint, den ersten Teil, den mit dem Lernen der Regeln, überspringen zu können und stattdessen gleich zum unterhaltsameren, den mit dem Brechen der Regeln übergeht, wird die Grenze zwischen Mut und Übermut oder gar Dummheit zu einem sehr schmalen Grat.

Die Todeszone ist von Mutlosigkeit gezeichnet. Es fehlt der Mut, sich auch nur einen Schritt hinauszuwagen. Tapferkeit hingegen kann es auch in der Todeszone eine Menge geben. Sie ist es, die dazu beiträgt, dass wir in Situationen verharren, in denen wir das nicht sollten und eigentlich auch nicht wollen. Die Tapferkeit ist es, die uns auf einem Weg vorantreibt, von dem wir wissen, dass er uns im besseren Fall nirgendwo hinführt – im schlechteren in einen Abgrund. So gesehen gibt es zu viel Tapferkeit auf der Welt und zu wenig, oft viel zu wenig Mut.

Die kleinen, alltäglichen Mutproben

Dabei muss es, wie erwähnt, bei Mut nicht um die großen, spektakulären, gefährlichen Dinge gehen. Ganz im Gegenteil. Die Vielzahl der kleinen Situationen, die uns eine Portion Mut abverlangen würden, sind wesentlich wichtiger. Sie begegnen uns täglich, stündlich. Und jedes einzelne Mal, wenn wir uns entscheiden, es tapfer auszuhalten und uns durchzubeißen, vergeben wir eine Chance, dies als Mutprobe zu nutzen, die wir bestehen und an der wir wachsen könnten.

Das könnten so banale Gelegenheiten sein, wie an der Supermarktkasse zu sagen, dass man es nicht in Ordnung findet, wenn sich jemand wortlos vordrängelt. Oder auch einer Freundin oder dem Partner mitzuteilen, dass ihr oder sein Verhalten die eigenen Bedürfnisse nicht ausreichend berücksichtigt oder sogar verletzt. Im Meeting wäre es möglicherweise, eine gute Idee, die aber der Meinung der anderen widerspricht, laut auszusprechen, statt sie für sich zu behalten und es dann schade zu finden, dass sie wohl niemals umgesetzt werden wird. Mutig kann auch sein, klares Feedback vom Vorgesetzten oder auch vom Kunden zu verlangen, gerade dann, wenn man annimmt, dass dieser mit der Leistung nicht ganz zufrieden war.

Schauen wir auf die bisherigen Kapitel dieses Buches zurück, ist der Mut so etwas wie der rote Faden. Im Zusammenhang mit vielen der besprochenen Themen ist Mut nicht nur hilfreich, sondern eine der wichtigsten und notwendigsten Eigenschaften. Wir brauchen Mut, um uns selbst gegenüber die erforderliche Ehrlichkeit an den Tag zu legen. Erst mit dieser können wir klar erkennen, was uns behindert. Wir brauchen Mut, um uns an unsere Grenzen zu wagen, diese zu testen und sie, wenn nötig, auch zu überschreiten. Um andere unmissverständlich wissen zu lassen, was wir wollen, brauchen wir Mut. Um Sicheres loszulassen und es für die Chance zu opfern, Mögliches zu erreichen, ebenso. Wo immer wir hinschauen, ist Mut eine notwendige Ressource. Doch woher nehmen, wenn wir so viel davon benötigen und oft so wenig davon haben?

Mutmuskeltraining

Eine der Eigenschaften von Mut ist, dass er in vielerlei Hinsicht wie ein Muskel funktioniert. Er kann wachsen wie ein Muskel, muss dafür aber auch gefordert werden, und zwar in einem Bereich, der außerhalb der Komfortzone und somit in der Stretchzone liegt. Jedes Mal, wenn wir Mut einsetzen, brauchen wir vielleicht kurzfristig etwas von dieser Ressource auf. Was aber wichtiger ist: Wir können ihn wie einen Muskel trainieren, indem wir ihn einsetzen und benutzen, und damit stärken wir ihn langfristig. Und jedes Mal, wenn wir das tun, wächst er ein wenig und mit ihm unser Selbstwert.

Und doch gibt es etwas, das Mut von einem normalen Muskel unterscheidet. Wenn Sie einen kräftigeren Bizeps haben wollen, nützt es Ihnen überhaupt nichts, wenn Sie Kniebeugen machen. Beim Mut ist das nicht ganz so. Jede Zunahme an Mut in einem Bereich ist zwar vielleicht nicht 1:1 auf andere Bereiche übertragbar, trägt aber dazu bei, insgesamt ein wenig mutiger zu werden. Das heißt, Sie können den Mut, den Sie in einem Bereich Ihres Lebens trainieren, auch in anderen Bereichen für sich nutzen.

Mut macht wertvoll

Doch nicht nur das. Mutige Menschen wirken wertvoller, im Innen wie im Außen. Mutige Menschen verkaufen sich nicht unter Wert, weder unter ihrem eigenen noch unter dem, den andere ihnen zuschreiben. Ich würde sogar so weit gehen zu behaupten, dass Mut der ultimative Wertverstärker ist.

Aus all diesen Gründen ergibt es sehr viel Sinn, die kleinen Mutproben des Alltags nicht nur dankend als Herausforderungen anzunehmen, sondern sie vielleicht sogar zu suchen. Denn hat man das mit den kleinen erst einmal drauf, ist man bestens gerüstet für die nächstgrößeren. Und nicht nur das. Es könnte sogar sein, dass man Lust bekommt, immer noch größere Herausforderungen anzunehmen. Für jemanden mit dieser Einstellung braucht es vermutlich kein Buch wie dieses mehr. So jemandem fällt es sehr leicht, seinen starken Selbstwert nach außen zu tragen.

Möge die Macht mir Ihnen sein

Wenn ich mir so die täglichen Nachrichten ansehe, dann zeigt sich mir das Bild einer Gesellschaft, in der erschreckend viele Menschen sehr passiv sind. Man ist zwar nicht unbedingt zufrieden mit dem, was so rundum geschieht, man beschwert sich, man jammert, aber das war es dann auch schon. Nur verhältnismäßig wenige gehen den einen, aber entscheidenden Schritt weiter und machen sich daran, etwas zu verändern. Das wird ganz sicher nicht immer gelingen, doch darum geht es nicht.

Worum es in Wirklichkeit geht, ist die Geisteshaltung, die Einstellung zum Leben. Es geht darum, Verantwortung zu übernehmen. Ja, da ist sie wieder, die Verantwortung. Und dabei will ich nicht zu hoch zielen. Schließlich geht es in diesem Buch nur um die einzelne Person – um Sie und nicht um die Gesellschaft. Daher spreche ich nur von der Verantwortung für sich selbst, die jedem Erwachsenen – so denke ich zumindest – zumutbar ist.

Wer das anders sieht und die Schuld für die Miseren im eigenen Leben woanders sucht, dem sei gesagt:

Wem du die Schuld gibst, gibst du die Macht!

Auf das Thema dieses Buches angewandt bedeutet das, dass die Schuld dafür, sich „zu billig zu verkaufen“, bei anderen gesucht wird. Die Schuld für etwas so Entscheidendes und Wesentliches jemand anderem zuschieben zu wollen, ist eine für mich nahezu unerträgliche Vorstellung. Warum? Weil das bedeuten würde, die Macht über mich und den engsten Bereich meines Lebens freiwillig abzugeben. Und das noch dazu an Menschen bzw. Institutionen, denen ich im Normalfall nicht zutrauen würde, diesbezüglich einen besseren Job zu machen als ich.

Ich bin gerne schuld an etwas, das nicht so läuft wie es soll, denn das bedeutet gleichzeitig, dass ich es positiv beeinflussen und daran etwas ändern kann.

Doch bei Ihnen, werte Leserinnen und Leser, renne ich mit diesem Aufruf vermutlich weit offene Türen ein: Wer ein Buch wie dieses nicht nur gekauft, sondern auch bis zum Ende gelesen hat, denkt darüber sicherlich ähnlich wie ich. Jene, die die Schuld gerne und so gut wie immer bei anderen suchen, würden es vermutlich nicht einmal mit der Kneifzange anfassen.

Daher möchte ich Sie zum Abschluss nur noch einmal an Ihre Verantwortung und Ihre Macht erinnern, wenn es darum geht, Ihren Wert zu steigern – in Ihren Augen und denen der anderen – und die Potenziale, die Sie haben, zu nutzen, um das Unmögliche zu versuchen und das Mögliche daraus zu machen.

Viel Erfolg dabei und möge die Macht mit Ihnen sein